"鲁班工坊"国际职业教育交流系列教材

无人机技术系统导论与实操

主　编　石书羽　孙传原
副主编　郭成华　刘梦祥　李宗玉
参　编　艾嘉禾　赵士恒　李佳维
　　　　权亚楠　汪乾坤　时梦豪
　　　　张贺鑫　张家铭

内 容 提 要

本书详细介绍了无人机发展现状、系统平台、运行自然环境、飞行原理和运行法律法规，并将这些理论知识融入6种无人机模拟飞行训练和4种无人机组实操训练的教学任务。

本书可作为学生学习无人机的教材或参考书，也可作为无人机竞赛的指导用书，还适合无人机爱好者在自学时选用。

版权专有　侵权必究

图书在版编目（CIP）数据

无人机技术系统导论与实操 / 石书羽，孙传原主编. --北京：北京理工大学出版社，2023.1（2023.2重印）
ISBN 978-7-5763-1716-9

Ⅰ.①无…　Ⅱ.①石…②孙…　Ⅲ.①无人驾驶飞机　Ⅳ.①V279

中国版本图书馆CIP数据核字（2022）第172065号

出版发行 / 北京理工大学出版社有限责任公司
社　　址 / 北京市海淀区中关村南大街5号
邮　　编 / 100081
电　　话 /（010）68914775（总编室）
　　　　　（010）82562903（教材售后服务热线）
　　　　　（010）68944723（其他图书服务热线）
网　　址 / http://www.bitpress.com.cn
经　　销 / 全国各地新华书店
印　　刷 / 河北鑫彩博图印刷有限公司
开　　本 / 787毫米×1092毫米　1/16
印　　张 / 12.5　　　　　　　　　　　　　　　　责任编辑 / 阎少华
字　　数 / 308千字　　　　　　　　　　　　　　文案编辑 / 阎少华
版　　次 / 2023年1月第1版　2023年2月第2次印刷　责任校对 / 周瑞红
定　　价 / 39.80元　　　　　　　　　　　　　　责任印制 / 王美丽

图书出现印装质量问题，请拨打售后服务热线，本社负责调换

前 言
PREFACE

  当飞行遇上智能，就像机器人获得了飞行的能力，从而诞生了无人机，因此，无人机也可以理解为会飞行的机器人。近年来，科技的进步使无人机技术得到了迅猛发展。无人机的视角从地面到天空，被赋予了更强大的应用能力，以至于在各个行业都能够看到它的身影。

  前有无人机在外星球上飞行探索，后有军事上使用无人机进行侦察，如今可拍照的无人机进入了千家万户，也进入了普通大众的世界。可编程的教育无人机也飞入了学生们的课堂。无人机教育是科技创新教育的重要组成部分，在培养学生学习兴趣、思维、沟通、协作、创新及核心素养等方面扮演着至关重要的角色。

  本书汇集了编委会近10年的无人机技术和相关教学经验，将无人机的理论知识和实际操作应用进行整合，对无人机的发展历史、系统、飞行原理和运行法律法规进行了梳理，并详细介绍了无人机模拟飞行训练和实操训练的方法，让读者通过实操探索无人机飞行的乐趣。书中无人机的操作训练内容源于企业实操经验，还有很多内容源于本书编委在实际操作实验中产生的灵感。书中无人机的飞行程序大多由编委进行测试，我们通过多次反复测试，确保每个程序都能够让学生成功完成任务。愿本书的读者能体验无人机的乐趣。

编 者

目 录
CONTENTS

第1章 无人机概述

1.1 无人机的定义 …………………… 002
1.2 无人机的广义定义 ……………… 004
1.3 无人机的分类 …………………… 006
1.4 世界无人机发展历程简述 ……… 009
1.5 中国无人机发展历程简述 ……… 011
1.6 无人机的应用 …………………… 014
1.7 民用无人机的未来发展 ………… 020

第2章 无人机系统概述

2.1 无人机的飞行平台系统概述 …… 024
2.2 无人机的任务载荷系统介绍 …… 036
2.3 无人机地面站及支持设备概述 … 039

第3章 无人机运行自然环境概述

3.1 大气成分组成与特点 …………… 043

3.2 大气气象要素 …………………… 046
3.3 大气特性 ………………………… 052
3.4 影响飞行的主要因素 …………… 056

第4章 无人机飞行原理

4.1 低速气流特性 …………………… 067
4.2 机翼结构及压力分布特性 ……… 071
4.3 飞机的升力 ……………………… 076
4.4 飞机的阻力 ……………………… 079
4.5 旋翼升力的产生 ………………… 084

第5章 无人机运行法律、法规

5.1 国内、国外无人机相关法规 …… 089
5.2 无人机相关法律、法规的定义及
　　要求 ……………………………… 094

第6章 模拟器

6.1 模拟器简介 ……………………… 104

6.2 无人机驾驶模拟器 …………… 107
6.3 遥控器测试 …………………… 111

第 7 章　无人机模拟飞行训练

7.1 多旋翼悬停模拟训练 ………… 125
7.2 多旋翼通道模拟训练 ………… 127
7.3 多旋翼平移模拟训练 ………… 136
7.4 四位悬停训练 ………………… 138
7.5 八位悬停训练 ………………… 140

7.6 "8"字飞行技能训练 ………… 141

第 8 章　无人机组调实操训练

8.1 无人机组装常用工具 ………… 144
8.2 无人机的组成与材质 ………… 158
8.3 F450 组装与调试 …………… 169
8.4 无人机飞行测试 ……………… 184

参考文献……………………… 193

第1章 无人机概述

学习目标

一、知识目标
1. 了解无人机的定义；
2. 了解无人机的分类；
3. 了解世界和中国无人机发展历程；
4. 掌握无人机的应用；
5. 掌握民用无人机的未来发展。

二、能力目标
1. 具备及时了解和掌握无人机技术的新发展、新领域、新应用的能力；
2. 具备及时了解无人机发展历程的能力；
3. 知道无人机的常见分类。

三、素养目标
1. 具有爱岗敬业、谨慎细致、高效务实、团结协作的职业态度；
2. 具有良好的科学文化素质、专业素质和科学创新意识。

在现代社会，无人机这个词越来越多地被人们提及，近几年，无人机的研制与应用引起了世界各国政府的高度重视，普通人也能够越来越多地接触到无人机领域的产品或者看到其广泛的应用。无人机作为高科技产品最先应用在军事领域(图 1-1)。现在，无论是抢险救灾、新闻报道、治安防控、交通巡逻，还是勘察测绘等越来越多的民用领域也出现了无人机的身影(图 1-2)。民用无人机的出现和大量应用已经影响了我们的生活，认识无人机、学习无人机是适应社会发展进步的需要，是与我们的日常生活密切相关的。如无人机快递、无人机摄影、无人机娱乐、无人机植保作业等都与我们的生活息息相关。我们很有必要了解这一领域的知识，都应该具备更为专业的精神和态度。学习这一领域的知识可以让我们了解全新的学科，认识它的应用，构想它的未来，开拓它的"疆土"，对我们的生活生产将大有裨益。因此，我们应该传播无人机的科技知识，使更多的人认识无人机、使用无人机，同样促进无人机产业的发展与应用也是年轻一代人的使命。

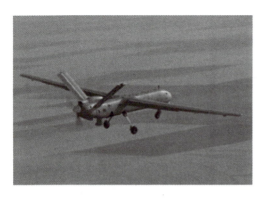
图 1-1　军用无人机

图 1-2　民用无人机

1.1　无人机的定义

1.1.1　无人机

无人机的运用越来越广泛，社会需求也越来越大。社会的发展、国家的进步离不开人工智能，更加离不开科技。无人机是什么？无人驾驶飞机简称"无人机"，它是利用无线电遥控设备和自备的程序控制装置操纵的不载人飞机。无人机实际上是无人驾驶飞行器的统称，从技术角度定义可分无人直升机、无人固定翼机、无人多旋翼飞行器、无人飞艇、无人伞翼机这几大类。

根据《民用无人机驾驶员管理规定》中的定义和描述：无人机（Unmanned Aircraft，UA）是由控制站管理（包括远程操纵或自主飞行）的航空器。其也称远程航空器（Remotely Piloted Aircraft，RPA），是利用无线电遥控设备和装备在无人机本体上的自动驾驶装置，按照预定的程序控制，实现按照预定飞行线路轨迹飞行的，并且利用装载于本体上的任务设备完成指定任务的非载人的飞行器。

无人机虽然是指在空中飞行的、飞机上是没有人员的航空器。但是，就无人机整个系统而言，人仍然是必不可少的管理者和监督者，仍然在全系统运行中起到非常关键的作用。

1.1.2　无人机系统

无人机系统（Unmanned Aircraft System，UAS）也称远程驾驶航空器系统（Remotely Piloted Aircraft System，RPAS），是指由无人机、相关的控制站、所需的指令与控制数据链路，以及批准的、型号设计规定的、任何其他部件组成的系统。

无人机的正常使用离不开地面设备或其他平台设备的支持。在空中飞行的无人机本体，更多地依赖于地面的控制站、发电机、综合地面保障系统、备份的无人机、定向增程天线、卫星通信天线、双向通信指挥与控制链路，以及无人机的任务计划、起降、飞行、任务实施、监控管理、应急处理等管理程序，这些设备与管理程序统称为无人机系统（图 1-3）。

图 1-3 典型的无人机系统

1.1.3 无人机的驾驶员和机长

无人机系统的驾驶员,是指由运营人指派对无人机的运行负有必不可少的职责并在飞行期间适时操纵无人机的人员。

无人机系统的机长,是指在系统运行时间内负责整个无人机系统运行和安全的驾驶员。

无人机的驾驶员和机长区别在于:驾驶员是参与飞行计划的设计规划,无人机起降前后的检查与维护,无人机的起降操作及执行应急操作的人员;而机长要全面负责飞行空域的申报,飞行计划的设计提交,检查驾驶员在起飞前的检查工作,监督或执行无人机的起降操作,全面监督或操作机载任务载荷执行情况,临时调整飞行计划节点,出现特殊情况发布操作指令或对驾驶员进行操控,是对整个飞行过程负有安全责任的人员。即驾驶员可以理解为执行者,而机长不仅是执行者还是设计者和监督者。

1.1.4 无人机和无线电遥控航空模型

无人机和无线电遥控航空模型的区别:首先,无人机和无线电遥控航空模型最主要的区别是控制飞机"大脑"所在位置。在无线电遥控航空模型中,航空模型的控制是接收无线电的信号,并将信号过滤、解调、输出给操纵舵机,舵机控制舵面偏转,从而实现飞行控制。航空模型完全受地面飞行操纵人员的控制,所以,它的"大脑"就是操纵者的大脑,它在天空中飞行所做出的动作或运行轨迹就是反映操纵者的意图或者杆量的移动。人们操纵无线电遥控航空模型的主要目的就是享受飞行控制这个过程的快乐。在无线电遥控航空模型运动中主要比拼的也是运动员的操纵技巧和制作调整技术,如图1-4所示。

无人机的功能有明确的个性化要求,由机上任务载荷(又称有效载荷)来体现完成使命任务的能力。在这个意义上,无人机可以理解为载荷与搭载平台的组合体,有时还包括地面设施在内组成的系统。如侦察型无人机就是在具有一定飞行能力的平台上安装侦察设备和传输设备;攻击型无人机通过装载武器或战斗执行部件完成攻击任务。即使是科学验证用无人机,为了获取飞行数据,也要安装必要的感知、测量和数据传输设备,以实现特定功能。所以,无人机是通过机上有效载荷来体现不同功能的系统。无人机和无线电遥控航空模型的主要区别就在于是否携带任务载荷。一般来说，除保障飞行的控制系统外，只有机上载有任务载荷，才可以称为现代意义上的无人机。其次，无人机都安装有自动驾驶仪及飞行控制装置。所以，飞行状态就不再是操纵者主要关心的内容，而其所搭载的任务载荷所要执行的任务变成操纵者主要考虑的内容。由于可以预先进行飞行线路和飞行高度的设定，因此，在机载自动驾驶仪和机载飞控计算机的帮助下，无人机可以按照预定的飞行剖面和飞行计划实现主动的或半主动的飞行控制。地面控制人员的主要精力在于这架无人机能否在任务空域顺利圆满地执行航拍、监视、勘察、探测等任务，对于无人机是否能飞花哨的特技动作不是很关心。另外，也因为无人机本身拥有自主飞行的能力，它所搭载的自动驾驶仪和飞行控制计算机就成了控制"大脑"的一部分，大大减轻了地面操作人员的工作负荷，使得地面操纵者能够专注于执行任务。因此，无人机的一部分"大脑"和无线电遥控航空模型一样，是地面操纵者的"大脑"，还有一部分则是安装在无人机本体上的飞行控制设备，这些机载设备可以让无人机按照预定程序沿着垂直飞行剖面和水平飞行轨迹自动飞行，甚至是自动起飞和自主降落，这是无人机和无线电遥控航空模型最主要的区别。无人机是空中飞行的机器人，它隶属于更为广泛的机器人范畴。图 1-5 所示为韦加无人机公司生产的翔宇型固定翼无人机。

图 1-4　无线电遥控航空模型

图 1-5　翔宇型固定翼无人机

1.2　无人机的广义定义

人工智能从诞生以来，其理论和技术日益成熟，应用领域也不断扩大，可以设想，未来人工智能带来的科技产品，将会是人类智慧的"容器"。人工智能可以对人的意识、思维的信息过程进行模拟。人工智能不是人的智能，但是能像人那样思考，也可能超过人的智能。

人工智能是引领新一轮科技革命和产业变革的战略性技术，加快发展新一代人工智能是事关我国能否抓住新一轮科技革命和产业变革机遇的战略问题。当前，人工智能正在全球范围内蓬勃兴起。据推算到 2030 年，人工智能将贡献 15.7 万亿美元的全球经济，而中、美两国将占据其中的 70%。准确预判人工智能发展对产业结构转型升级和要素收入分配格局的影响，对于推动我国经济实现高质量发展具有重要的现实意义。人工智能是一种通用技术，具有基础设施的外溢性特征。通用技术是全面影响经济各个产业的具有基础性和通用性特征的技术，如推动三次工业革命的蒸汽技术、电力技术和信息技术。作为推动第四次工业革命的通用技术，"人工智能具有溢出带动性很强的'头雁'效应"。这意味着虽然人工智能应用的是市场化运作，但是人工智能的外溢性特征要求政府进行必要的投资建设。当前，全球主要经济大国均将人工智能视为赢得国家科技竞争力的重要抓手，提升到了国家战略规划的高度，投入大量资金用于人工智能研发。

现在提到人工智能，人们想到最多的就是无人机。而现在各种无人机的种类层出不穷，人们也纷纷瞄准了无人机市场。但并不是所有的无人机都是人工智能的，通常情况下，无人机被理解为"无人驾驶的飞机"，实际上，应当把它理解为"机器人"的一种。它可以代替人们前往那些不适合人类前往的区域，开展如调查、探索、救援等人们期望其能够完成的工作。按照运行空间的不同，我们可以把各种在太空、地外天体、地球大气层、地（水）面、地（水）下、某一系统（内）外运行的，通过遥控方式或原始设定的程序自行执行相应任务的各类无人载具定义为更广义的无人机，这里的"机"不再是单纯的"飞机"，而是"机器人"。

机器人（Robot）是指能自动完成工作的机器装置，可以通过无线或有线方式接受人类直接指挥控制、通过运行储存在自身内部预先编排的程序来执行任务，也可以根据以"人工智能技术"制定的原则、纲领来自行决定任务的执行方式和顺序。机器人的核心任务就是协助或取代人类进行工作（例如，在制造业、建筑业，或是危险的区域工作）。机器人是整合"控制、机械、电子、计算机、材料和仿生学"的高级产物，目前在工业、医学、农业甚至军事等领域中均有重要用途。图1-6所示为本田公司研发的ASIMO机器人。

目前，已经有越来越多的机器人进入我们的日常生产和生活。它们有的在工厂里协助人类实现大规模自动化生产制造，有的在遥远太空对未知世界进行探测，有的深入水下帮助我们搜寻飞机（舰船）残骸或科考勘察等。不难看出，人类研发的各种深空探测器、地外天体着陆器、人造卫星、无人驾驶航空器、无人驾驶船舶、无人驾驶潜航器等都可以划分到广义"无人机"的范畴。所以，对于无人机的领域，其外延是很大的。图1-7所示为我国研发的自动水下航行器；表1-1为广义无人机的划分标准。就本书而言，我们仍然只研究在大气层飞行的无人驾驶航空器。

图1-6　ASIMO机器人

图1-7　自动水下航行器

表 1-1　广义无人机的划分标准

运行空间	类型	任务类型	举例
太空	深空探测器	对各个天体或宇宙空间进行探测，探索宇宙未知领域	"旅行者"1号深空探测器
太空	地外天体探测器	围绕各种天体运行勘测，甚至实现降落其表面的勘察探测	"好奇号"火星着陆器
大气层	无人驾驶航空器	将各种任务设备安装在空中飞行平台上开展相应工作	"全球鹰"无人机
陆地表面	无人驾驶的车辆	将各类任务设备安装在地面车辆平台上开展相应任务	美军MULE后勤机器人车辆（Multifunction Utility/Logistics Equipment Vehicle）
海洋表面	无人驾驶的船舶	将各种任务设备安装在船舶平台上执行相应工作	以色列"保护者"无人水面作战舰艇
水下	无人驾驶的潜水器	将各类设备安装在水下潜航平台上完成相应任务	美国"蓝鳍金枪鱼"自主水下航行器

1.3　无人机的分类

目前无人机的用途广泛，种类繁多，型号各异，各具特点，其主要功能是由飞行平台决定的。不同平台赋予了无人机截然不同的飞行品质和特性。对于机载飞行控制设备而言，不同用途的无人机需要不同的控制软硬件系统，而其任务载荷和数据链系统大同小异。

1. 按飞行平台构造形式分类

按飞行平台构造形式的不同，无人机可分为固定翼无人机、无人直升机、多旋翼无人机、无人伞翼机、无人扑翼机、无人飞艇和混合式无人机等。

(1) 固定翼无人机。固定翼无人机是指由动力装置产生前进的推力或拉力，由机身固定的机翼产生升力，在大气层内飞行的重于空气的无人机。固定翼无人机的特点是载荷大、续航时间长、航程远、飞行速度快、飞行高度高，但起降受场地限制，无法悬停。

(2) 无人直升机。无人直升机是指依靠动力系统驱动一个或多个旋翼产生升力和推进力，实现垂直起落及悬停、前飞、后飞、定点回转等可控飞行的无人机。

按旋翼数量和布局方式的不同，无人直升机可分为单旋翼带尾桨无人机直升机、共轴式双旋翼无人机直升机、纵列式双旋翼无人机直升机、横列式双旋翼无人机直升机和带翼式无人机直升机等不同类型。

无人直升机的特点是可垂直起降、可悬停、操作灵活、可任意方向飞行，但结构复杂、故障率较高。与固定翼无人机相比，无人直升机飞行速度低、油耗高、载荷小、航程短、续航时间短。

(3)多旋翼无人机。多旋翼无人机是指具有三个及三个以上旋翼轴提供升力和推进力的可垂直起降无人机。

与无人直升机通过自动倾斜器、变距舵机和拉杆组件来实现桨叶的周期变距不同，多旋翼无人机的旋翼总距是固定不变的，通过调整不同旋翼的转速来改变单轴推进力的大小，从而改变无人机的飞行姿态。

多旋翼无人机的特点是结构简单、价格低、操作灵活、可向任意方向飞行，但有效载荷较小、续航时间较短等。

(4)无人伞翼机。无人伞翼机是指以伞翼为升力面，以柔性伞翼代替刚性机翼的无人机。伞翼位于全机的上方，多用纤维织物织成不透气柔性翼面，可收叠存放，张开后利用迎面气流产生升力。

无人伞翼机的特点是体积小、速度慢、飞行高度低等。

(5)无人扑翼机。无人扑翼机是一种利用仿生原理，通过机翼主动运动模拟鸟的翅膀振动，产生升力和前行力的无人机。其特征是机翼主动运动，靠机翼拍打空气的反作用力作为升力和前行力，通过机翼及尾翼的位置改变进行机动飞行。扑翼空气动力学尚未成熟，无人扑翼机的材料和结构也有待进一步研发改进。

(6)无人飞艇。无人飞艇是一种轻于空气、具有操纵和推进系统的无人机。

无人飞艇可分为硬式、半硬式和软式三种类型。现代无人飞艇多为软式无人飞艇。软式无人飞艇一般由气囊、辅助气囊、吊舱、推进装置及尾翼、方向舵和升降舵等组成。其中，气囊由涤纶、聚酯纤维等人造材料组成，里面充满了轻于空气的气体，如氢气、氦气；辅助气囊通过充气和放气来控制与保持飞艇的形状及浮力；吊舱位于飞艇下方，里面装有发动机；推进装置为飞艇的起飞、降落和空中悬停提供动力；尾翼、方向舵和升降舵为飞艇提供机动能力。无人飞艇最大的优势是滞空时间和静音性能，但也存在造价高、速度过慢等问题。

(7)混合式无人机。混合式无人机是指混合以上两种或多种平台构造形式的无人机。

倾转旋翼无人机就是一种最典型的混合式无人机，它在类似固定翼无人机的机翼处安装可在水平位置和垂直位置之间转动的倾转旋翼系统组件。当倾转旋翼无人机垂直起降时，旋翼轴垂直于地面，呈横列式直升机飞行状态，并可在空中悬停、前后飞行和侧飞；当飞行达到一定速度后，旋翼轴可倾转90°呈水平状态，旋翼当作拉力螺旋桨使用，此时倾转旋翼无人机能像固定翼那样以较高的速度进行远程飞行。

倾转旋翼无人机兼具固定翼机和旋翼机的优点，具有垂直起降、空中悬停和高速巡航飞行的能力。

2. 按应用领域分类

按应用领域的不同，无人机可分为军用无人机、民用无人机和科研无人机。

(1)军用无人机。军用无人机是指应用于军事领域的无人机。无人机最早起源和应用于军事领域，军用无人机具有较强的技术保密性和垄断性。

军用无人机按用途可分为靶机、侦察无人机、诱饵无人机、电子对抗无人机、通信中继无人机和无人战斗机等。

(2)民用无人机。民用无人机是指应用于民用领域的无人机。与军用无人机的百年历史相比,民用无人机技术要求低,更注重经济性。军用无人机技术的民用化降低了民用无人机的市场进入门槛和研发成本,使民用无人机得到快速发展。

民用无人机可分为消费级无人机和工业级无人机。消费级无人机主要用于个人娱乐、个人航拍、青少年科普教育等方面,强调产品的易操作性、便携性和性价比。工业级无人机主要用于各个行业应用领域,强调产品的专业性、稳定性和可靠性。

(3)科研无人机。科研无人机是指应用于科学研究、科学试验或类似用途的无人机。

3. 按飞行航程分类

按飞行航程的不同,无人机可分为超近程无人机、近程无人机、短程无人机、中程无人机和远程无人机,见表1-2。

表1-2 无人机的分类(按飞行航程划分)

无人机的分类	无人机的飞行航程/km	无人机的分类	无人机的飞行航程/km
超近程无人机	<15	中程无人机	200~800
近程无人机	15~50	远程无人机	>800
短程无人机	50~200		

4. 按飞行高度分类

按飞行高度的不同,无人机可分为超低空无人机、低空无人机、中空无人机、高空无人机和超高空无人机,见表1-3。

表1-3 无人机的分类(按飞行高度划分)

无人机的分类	无人机的飞行高度/m	无人机的分类	无人机的飞行高度/m
超低空无人机	0~100	高空无人机	7 000~18 000
低空无人机	100~1 000	超高空无人机	>18 000
中空无人机	1 000~7 000		

5. 按民航法规分类

按《民用无人机驾驶员管理规定》(AG-61-FS-2018-20R2),无人机可分为7类,见表1-4。

表1-4 无人机的分类(按民航法规划分)

无人机的分类	空机质量/kg	起飞质量/kg
Ⅰ	0<空机质量/起飞质量≤0.25	
Ⅱ	0.25<空机质量≤4	1.5<起飞质量≤7
Ⅲ	4<空机质量≤15	7<起飞质量≤25
Ⅳ	15<空机质量≤116	25<起飞质量≤150
Ⅴ	植保类无人机	
Ⅺ	116<空机质量≤5 700	150<起飞质量≤5 700
Ⅻ	空机质量/起飞质量>5 700	

6. 按运行风险分类

按国务院、中央军委空中交通管制委员会(以下简称国家空管委)组织起草并于2018年年初面向社会公开征求意见的《无人驾驶航空器飞行管理暂行条例(征求意见稿)》中的规定,根据运行风险大小,民用无人机可分为微型无人机、轻型无人机、小型无人机、中型无人机和大型无人机,具体分类见表1-5。

表1-5 无人机的分类(按运行风险划分)

无人机的分类	无人机的运行风险
微型无人机	空机质量小于0.25 kg,设计性能同时满足飞行真高不超过50 m、最大飞行速度不超过40 km/h、无线电发射设备符合微功率短距离无线电发射设备技术要求的遥控驾驶航空器
轻型无人机	同时满足空机质量不超过4 kg、最大起飞质量不超过7 kg、最大飞行速度不超过100 km/h,具备符合空域管理要求的空域保持能力和可靠被监视能力的遥控驾驶航空器(不包括微型无人机)
小型无人机	空机质量不超过15 kg,或最大起飞质量不超过25 kg的无人机(不包括微型无人机、轻型无人机)
中型无人机	最大起飞质量超过25 kg不超过150 kg,且空机质量超过15 kg的无人机
大型无人机	最大起飞质量超过150 kg的无人机

1.4 世界无人机发展历程简述

提到无人机,最让人印象深刻的就是无人机航拍,其实无人机发展到今天,其应用范围已经非常广泛,在军事和民用等领域均有它的身影。现在随着我国经济社会的发展,无人机科技正在被更多人认识,青少年们对无人机也越来越感兴趣,但关于无人机的知识,你知道多少呢?

航空器的出现和更新是紧随航空器及其相关设备的发展历程而进行的。它与有人航空器的本质区别是必须依靠自动驾驶仪和无线电遥控技术两项技术,这两项技术的历史可以追溯得更久远,没有这两项技术,就没有现代的无人机。

早在中国山西夏县的新石器时期遗址中就已经出现了石质的陀螺,而汉朝出现了孩子们玩的玩具陀螺。18世纪,当中国的另一个玩具竹蜻蜓流传到西方后,西方把竹蜻蜓称为"中国陀螺",可见陀螺流传到西方有着更为悠久的历史。可是在中国,长时间以来仅仅把陀螺和直升机的鼻祖——"竹蜻蜓"作为玩具(图1-8)。而在国外,高速旋转的陀螺具有空间定轴的特性逐渐被科学家发现,利用陀螺的定轴性可以测量物体的运动姿态,稳定物体的运动方向,测量方位角等,这也是自动增稳驾驶仪的理论和实践基础。

制造无人机的想法就是在第一次世界大战的背景下提出的。起初无人机仅作为训练用的靶机,但到了第二次世界大战,德军开始使用大量无人驾驶轰炸机参战。随着电子技术的进步,无人机在侦察敌情上的作用逐渐展露,并且又具有成本低、控制灵活、持续时间长的优势,各国军队便开始相继投入经费研发无人机。

从发展历史来看,无人机技术起源于20世纪初期,在第一次世界大战爆发前的1900年,已经有部分气球炸弹、靶机等研制出来。第一次世界大战的开始使得无人机技术获得了发展机会，英美等国家都陆续开始了无人机技术的研发。如 1916 年，英国军事航空学会指定 A. M. Low 教授研发遥控无人机投弹。1917 年，美国第一架无人机在纽约长滩试飞成功，但由于此类飞机仅作为炸弹使用，因而无法实现回收，也无法完成遥控操作、自主飞行等复杂任务。

图 1-8　竹蜻蜓与陀螺

此后，在 1940 年，更多种类的无人机获得应用。英国的蜂后无人机是无线电遥控全尺寸靶机，1934—1943 年共批量生产了 420 架，在英国海军和陆军服役。至 1950 年，美国的 Ryan Aeronautical Company 为空军研制生产了高亚音速、喷气推进的靶机，代号 Q-2"火蜂"（Firebee），是现今无人飞行器的鼻祖。1960 年后，该公司按照五角大楼的要求，将一批"火蜂一号"改装成 147A 型（Model147A）、名为"萤火虫"（Firefly）的"特殊用途飞机"，用来执行侦察拍照任务。至 1970 年，美国已将无人机应用于越南战争，用以减少人员伤亡。

据文献记载，军事无人机经历了无人靶机、预编程序控制无人侦察机、指令遥控无人侦察机和复合控制的多用途无人机的发展过程，到 20 世纪八、九十年代开始得到广泛应用，各国制造的无人机有近百种，其起飞质量从数千克到 100 kg 以上，航程从数千米到上千千米，飞行速度从大于 100 km/h 到超声速。在 20 世纪 90 年代的海湾战争和科索沃战争中，无人机执行的多种军事任务包括照相侦察、充当诱饵、地理位置标识、布散传单等。可以说 20 世纪 80 年代后，无人机真正具备了智能化、功能多样、外形灵活的特点。

无人机的战争需求巨大，各国的研发团队在技术上也不断突破创新，20 世纪后半叶实现了无人机的现代化，将无人机改良成更智能、更高速、更轻便、续航力更强的设备。到了 20 世纪 80 年代，功能越来越强大的无人机从军用拓展到民用行业。20 世纪 90 年代以来，西方各国认识到军用无人机的巨大应用前景，开始竞相研发无人机，由此促成了无人机技术的迅猛发展。目前，美军已经装备的无人机近 80 种、7 000 余架，包括"全球鹰""暗星""黑色雨燕"等长航时无人机，"影子""指针""先驱者"等近程无人机，"微星""黑寡妇"等微型无人机，"捕食者""死神"等无人作战飞机。此外，由法国、瑞典、希腊等欧洲六国联合研发的"神经元"无人作战飞机、俄罗斯的"鳐鱼"无人作战飞机、以色列的"赫尔墨斯"战役战术无人机和"哈比"反辐射无人攻击机、英国的"雷电之眼"无人机等，都是大名鼎鼎的业界翘楚。时至今日，伴随着现代科技的迅猛发展，无人机的运用也已经从最初单纯的军事领域，逐渐向民用领域拓展。如今，无人机可完成情报侦察、中继通信、电子对抗、防空、制空、精确打击等多种任务，已成为影响作战进程的重要力量。无人机已经有军用和民用两大类别。

1.5 中国无人机发展历程简述

中国有着悠久的历史与灿烂的文明,曾经有过很多和航空航天技术紧密相关的发明与创造,甚至相当多的创新是远远领先于世界发展水平的,但是非常遗憾的是这些与航空航天有关的技术并没有得到有效的传承和发扬。虽然全球实用的航空技术诞生仅仅 110 多年,但是,1949 年以前的中国在世界航空航天设计领域几乎没有任何可以称道的发展。1949 年以后,我国相继建设了体系完善、门类齐全的航空工业,无人机的研发生产也在稳步推进,在各省、市、自治区及航空专业的高校内大力开展的航空模型活动为新中国的无人机技术打下了良好的基础。

1.5.1 发展历程简述

我国无人机的研制始于 20 世纪五六十年代。1966 年 12 月 6 日,"长空一号"大型喷气式无线电遥控高亚音速无人靶机首飞成功。该机型于 1976 年年底批准设计定型,之后多次改进,在此基础上改装成的核试验取样机于 1977 年圆满完成了一次核试验穿云取样任务。"长空一号"开创了我国无人机的先河。1972 年 11 月 28 日,"无侦-5"(又称"长虹 1 号")高空高亚音速无人驾驶侦察机试飞成功。该机型于 1980 年批准设计定型,1981 年开始装备部队,1986 年在对越自卫反击战中参加实战,是到目前为止我国唯一参加过实战且在我国正式装备的无人机型号中保持着最大升限和最快飞行速度纪录的无人机。

我国无人机的研制一直着眼军民两用。用于导弹打靶和防空部队训练的"长空一号"经过适当改装,就可执行大气污染监控、地形与矿区勘察等民用任务,并在此基础上研发了 WZ-2000 隐身无人机、"蜂王"无人机和"翔鸟"无人驾驶直升机等一系列无人机,形成了目前种类繁多、用途多样的无人机研发制造体系。

目前,我国专门从事无人机行业的企事业单位超过 300 家,其中将近一半具备无人机研发、制造、销售和服务体系。已经研制并投入使用的无人机型多达百余种,小型无人机技术已逐步完善,战略无人机已成功试飞,攻击无人机也已多次成功试射空地导弹。据统计,2002 年至 2015 年 7 月,我国与无人机相关的专利申请共 15 245 件。其中,新型专利占比 37.48%,发明型技术专利占比 57.39%,外观型专利占比 5.13%。从我国无人机专利技术情况来看,在国家政策的大力扶持下,近年来我国无人机产业快速发展,技术水平不断提升,相关专利数量也在不断增长。如图 1-9 所示,2021 年我国无人机相关专利申请数量为 18 775 项,较上年减少 976 项。

另外,我国无人机的发展还存在以下一些问题:

(1)行业规划与规范问题。存在低水平重复投资、高端项目攻破困难等问题。

(2)发动机瓶颈问题。发动机的问题在很大程度上制约着我国无人机的发展,涡扇发动机是未来应用的主要走向,目前我国与国外的差距较为明显,达不到无人机对飞行速度、航时等指标的要求。

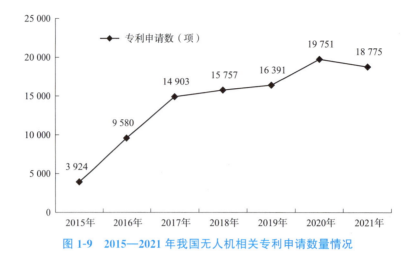

图 1-9　2015—2021 年我国无人机相关专利申请数量情况

（3）无人机行业人才紧缺。根据中国民航局飞行标准司日前发布《中国民航驾驶员发展报告 2021》显示，无人机驾驶员执照数量 2021 年已达 120 844 本，其中多旋翼无人机执照数量最多，为 110 794 本，固定翼执照 3 917 本，直升机执照 2 363 本，垂起固定翼执照 3 764 本。2021 年无人机驾驶员执照全年增长数量为 30 466 本，相比 2020 年增长近 50%。按照无人机千亿的市场规模，无人机驾驶员的数量远远达不到市场需求。

1.5.2　国内民用无人机的兴起

20 世纪 90 年代起，我国经济迎来了发展的新高峰。随着无线电遥控模型运动的推广和普及，发展进程加快，90 年代初从各省、市退出的航模职业队的专业选手中，一些人开办了模型生产企业，得益于这些优秀的运动员和教练员对航空模型的深刻理解，他们开办的企业很快成为中国模型生产业的骨干。这些骨干力量紧随市场潮流研发各种类型的航空模型，当然也开始涉足无人机的研发制造领域，近年随着无人机热而新办起来的一批无人机企业也推进了中国模型生产的迅猛发展，在全国各地涌现出多家航模器材厂家或者无人机公司。"全世界 80% 的航空模型或者相关零部件、设备都由中国企业生产"，这一现实大大降低了航空模型在中国市场流通中的价格，带动了中国航空模型产业乃至无人机的发展。同时，也为广大航模运动的爱好者在挑选器材时提供了极大便利，特别是在我国珠海、深圳等南方城市，市场的产业链条集中优势更加明显，这些航模或无人机企业也与很多高校、航校保持着密切联系，这些企业的努力促进了航模器材在我国大众间的普及，也进一步推动了民用无人机的发展，逐步开创了我国民用无人机走出军工体系，面向民用消费市场的局面。

早期民用无人机需要的飞行控制系统绝大部分依赖进口，当时的民用无人机尚未形成完善产业链条，部分附件价格高，进口飞行控制软硬件价格更是不菲，整个无人机系统调试复杂，训练难度大，交付客户后续问题较多。当时很多无人机研发团队一边研发，一边利用自己的无人机产品进行各种服务，发现了问题再进行修正。随着航模主动控制技术的发展，进口的轻小型自动增稳系统也开始出现在市场上，我国市场上也逐步出现了数传电台、图传电台、增程天线等设备，很快就大量出现了利用此类设备的无线电遥控航空模型。我国科技人员也开始着手开发自己的自动飞行控制设备、飞控程序。初期产品在航模顶尖爱好者中免费投放测试体验，设计单位再根据用户的反馈意见进行程序代码修改，逐步摸索规律、积累经验，创新开发了我国第一代民用的固定翼、直升机的自动飞行控制软件和相应的硬件。经过市场浪潮的选择，有很多无人机公司被整合或者被淘汰，也有全新创业的无人机公司发展兴旺。从总体来看，民用无人机的产业链条越来越完善，特别是我国企业在消费级无人机的研发、生产、销售、应用领域已经占据了世界市场的绝大部分。根据美国FAA(美国联邦航空局)统计的向其申请飞行的民用无人机数量，截至2015年年底，FAA统计的全美获得商业无人机准飞许可证的前20名无人机机型中，来自中国大疆创新的产品就占了12个名次，前7名全部是大疆的系列产品，在美国企业向FAA申请准飞的无人机机型中，大疆无人机被审批提及的数量占总数量的90.17%，可谓一家独大。再对比第三方统计平台SUAS的无人机的TOP5的注册信息统计数量，1月初(截至2016年1月19日)专业用户注册数据，大疆以1 373高居第一，占TOP5注册总量的78.8%。3DR排名第二，占TOP5注册总量的8.7%。这个统计数据虽然不及FAA官方数据权威，但也足够反映出主流消费级无人机的市场占有情况，在国外消费级无人机市场仍然是大疆(DJI)一家独大。根据星越通用航空大数据平台统计，2021年，我国无人机实名登记系统注册无人机数量共计83.02万架，比2020年年底的52.36万架增加了58.6%，我国无人机机队规模仍处于快速增长期。

随着无人机技术逐渐成熟，制造成本和进入门槛降低，消费级无人机市场已经爆发，而民用无人机市场处于爆发前夜。数据显示，我国民用无人机市场规模由2017年的79亿元增至2019年的220亿元，年均复合增长率为66.88%，2022年达到453亿元的市场规模。

民用无人机主要分为消费级无人机和工业级无人机两种，数据显示，我国消费级无人机市场占比更多达65.12%，工业级无人机市场占比达34.88%。

消费级无人机主要用于航拍、跟拍等娱乐场景，具有产品标准化、应用同质化特征。数据显示，我国消费级无人机市场规模由2017年的225亿元增至2019年的283亿元，年均复合增长率为12.15%，2022年我国消费级无人机市场规模可达402亿元。

工业级无人机是指作为一种高效便捷的辅助手段来替代原有工具以服务于各行各业的日常工作中的无人驾驶的航空器。数据显示，我国工业无人机市场规模由2017年33亿元增至2019年60.1亿元，未来，工业级无人机行业增长速度仍将保持在高位，2022年行业规模可达98.5亿元。

无人机行业经历了技术的持续创新，在2010年前，无人机的专利申请主要集中在一些航空院校，几乎没有商业机构涉足。到2011年开始，众多商业机构开始大量申请无人机专利。高涨的研发热情，带来的是民用无人机在定点悬停技术、跟踪拍摄技术、避障技术、无线图传技术、飞行速度、续航能力等方面的持续迭代进步。随着市场和技术的日趋成熟，2017年开始，一直被消费级市场抢占风头的专业级市场，终于迎来了快速提升的阶段。我国民用无人机也从此开启了一个新的阶段。据统计，2015年，国内民用无人机市场中，专业级无人机只占不到20%的份额，2019年，其所占份额达到了34.88%，2020年，这个数字增长到了45.61%。2021年，我国无人机运行量快速提升，全国无人机日均飞行达105.73万架次，日均飞行小时达4.57万小时。我国民用无人机年飞行量已稳稳地站在 1 000 万飞行小时的量级，比我国传统有人通航的飞行量高出一个数量级，与运输航空飞行量相当。一部无人机发展史，浓缩了我国制造发展的诸多里程碑式的历史截面。

1.6 无人机的应用

无人机是不载人的飞行器，所以，其可以广泛应用于不适合人类进入的地方或未知地域，代替人类开展先期探索或执行任务，在军、民、科研等领域有着广泛的应用。

无人机作为高科技的产物，从一诞生起首先就应用在军事领域。在军事领域，无人机最早主要是充当靶机、靶弹为其他作战单位提供训练平台，后来才逐步发展到侦察监视、巡逻骚扰、通信中继、电子对抗、炮兵校射、目标指示和充当诱饵等，并随着通信技术的进一步发展，空、天、地三位一体化，军用无人机现在已经可以携带各种任务载荷甚至是各类武器实现对空、对地的各种作战，从原来的以侦察为主逐步发展到现在察打一体的多用途飞行平台。图 1-10 所示为典型的靶机平台。

其次是准军事用途，主要是公安、海关等国家执法机构应用于边防巡逻、缉私缉毒、反恐特战、监视安保、抢险救灾、森林防火、情报收集、通信中继等。图 1-11 所示为警用无人机。

最后也是最广泛的则是在民间各个领域的运用，这是无人机现在被民众所熟知的直接原因，最近几年更是越来越广泛地应用在普通百姓的生活中。图 1-12 所示为韦加无人机公司生产的农林植保无人机。

图 1-10　典型的靶机平台　　　　图 1-11　警用无人机　　　　图 1-12　农林植保无人机

1.6.1 航拍、航摄、竞技

无人机广泛用于航拍、航摄、飞行表演竞技、极限运动自拍等方面。应用无人机克服了传统的航摄直升机体积庞大、使用维护成本高昂、摄像工作辛苦且危险的缺点，无人机通过云台携带高清摄像机，不仅能够将传统航摄的大场面发挥得淋漓尽致，而且能机动灵活性地收到动感震撼的视频效果。

航拍是指用旋翼机、直升机、固定翼飞机或超轻型飞机在空中飞行过程中对实景实物，根据不同的高度、角度、多方位进行摄影、摄像。航拍又称空中摄影或航空摄影，是指从空中拍摄地球地貌，获得俯视图，此图即空照图。航拍的摄像机可以由摄影师控制，也可以自动拍摄或远程控制。航拍所用的平台包括飞机、直升机、热气球、小型飞船、火箭、风筝、降落伞等。为了让航拍照片稳定，有的时候会使用如 Spacecam 等高级摄影设备，它利用三轴陀螺仪的稳定功能提供高质量的稳定画面，甚至在长焦距镜头下也非常稳定。航拍图能够清晰地表现地理形态，因此，除作为摄影艺术的一环外，也被运用于军事、交通建设、水利工程、生态研究、城市规划等方面。无人机航拍如图1-13所示。

图 1-13　无人机航拍

1.6.2　植保飞防

近些年，在全国各地植保行业中，植保无人机的应用范围越来越广，智能化越来越高。无人机的优势在植保中已举足轻重。

植保无人机携带农药可进行超低空喷洒，操作简单、效率高、成本低，与有人飞机同样的作业比，降低了飞行高度，提高了喷洒精度，避免了农药浪费和扩散伤害。若安装携带病虫色谱摄影设备，可对农林植被进行病虫害监测和预警；还可安装携带实时图传或热成像仪进行实时图传通信，能够进行大面积无人森林的火灾勘察、预警，并在预防偷伐森林林木等方面发挥巨大作用。在飞防作业中，农药和用药技巧对作业效果的影响所占比重最大，用药不慎甚至会造成药害减产、绝产，因此，掌握植保常识对于提高作业效果和杜绝质量事故有至关重要的作用。农药喷洒无人机如图1-14所示。

图 1-14　农药喷洒无人机

1.6.3　电力巡检与大数据建设

传统输电线路巡检，大多依赖运行维护人员肉眼或手持仪器排查电路中的故障，根据经验判断潜在隐患。然而，纯靠人力检测本身就是一个巨大隐患，巡检员很难一处不落地排除掉所有隐患，而在电网的运行中，任何微小的安全问题都有可能造成事故，导致大面积的瘫痪，造成巨大的经济损失；有时遇上下雨、下雪等恶劣天气，人力检查更是寸步难行。

现代无人机可以飞越高山、河流，对输电线进行快速巡线检查；专用无人机还能够在恶劣的环境中开展架线工作，降低人力成本，保障人员安全。2015年4月9日，济南供电公司输电运检室联合山东电科院对四基跨黄河大跨越高塔开展了无人机巡视工作。2022年5月11日上午，在国网泗阳县供电公司输电运检班工作人员的操控下，电力巡检无人机腾空而起，沿着110 kV 刘卢 7K23 线 75♯—84♯ 线路区段飞行巡视。20 min后，无人机完成巡视任务，安全返回。这是该公司5月以来第3次使用无人机空中巡视输电线路通道情况。

近年来，在省、市公司数字新基建、能源互联网等战略需求驱动下，泗阳县供电公司无人机业务迎来跨越式发展。无论是在飞手取证人数还是无人机配置数量都呈现指数级的增长。无人机巡视具有不受高度限制、巡视灵活、拍照方便和角度全面的优点，特别适合大跨越高塔的巡视，弥补了人工巡视的不足。无人机电力巡线如图1-15所示。

图 1-15　无人机电力巡线

1.6.4　交通巡查

无人机应用于交通巡查主要是进行路况勘察、事故取证、交通疏导和智慧交通等方面的工作。我国各大城市道路拥堵严重，尤其是在发生交通事故时，不但容易造成邻近路段交通瘫痪，而且执法和救援车辆也无法迅速到达事故现场。而无人机可快速低空飞抵事故现场，第一时间进行执法拍摄取证，并能够通过图传功能将空中俯瞰的整体交通情况反馈到指挥中心，便于交管部门远程指挥疏导。无人机交通巡查如图1-16所示。

图 1-16　无人机交通巡查

1.6.5 无人机遥感

无人机遥感主要用于环境监测、管道巡检、溢油处理、危险采样等方面。

无人机遥感可对地面覆盖、水环境及变化情况提供定量和直观的监测,为各级环保部门提供执法判断依据。生态环境部组织10个督查组在京津冀及周边地区开展大气污染防治专项执法督查,安排无人机对重点地区进行飞行检查。无人机已经越来越频繁地被用于大气污染执法。从2013年11月起,环保部门开始使用无人机航拍,对钢铁、焦化、电力等重点企业的排污、脱硫设施运行等情况进行直接检查。2014年以来多个省份使用无人机进行大气污染防治的执法检查,以实现更到位的监管。2020年7月,济宁市生态环境保护综合执法支队充分运用VOCs走航监测和无人机巡航的辅助作用,在全市多方位布点,快速排查点位,掌握重点区域空气质量数据报告,使执法人员能够做到第一时间精准执法,快速有效地提升了执法效率及水平。

携带红外设备的无人机可对深埋地下的输油管道进行快速巡检,通过热成像及时发现油管堵塞或漏油;对于海上溢油事件,无人机可以指挥开展海平面的除污工作;在可能发生爆炸或有毒的区域,无人机可以进行采样,以便分析采样。无人机摄影测量作为新兴的测绘手段,具有机动灵活、经济高效等特点。无人机遥感影像获取周期短、时效性强,几乎不受场地和天气影响,飞行前准备工作可少于2个小时,因此,可快速上天获取满足要求的遥感影像,从准备航飞到获取影像周期短,影像获取后可立即处理得到航测成果,时效性强。无人机遥感应用如图1-17所示。

图1-17 无人机遥感应用

1.6.6 突发事件监控

无人机视野全面,可随时随地地部署到各种环境,迅速进行数据采集作业,并对重要区域进行全方位监控,通过数据链将实时的影像数据传送回总部或在现场实时监测,为指挥决策提供全面、准确的判断依据。无人机的安全监控主要应用于群体活动监控、罪犯追捕、反恐侦察指挥等方面。

一般无人机巡查可适应激烈的机动和恶劣的环境,受阴、雨、雾等天气的限制要小得多,而且弥补了卫星遥感受云层遮挡无法获得影像的缺陷。环境受到自然灾害破坏的情况下,无人机仍然可以克服恶劣环境执行巡查任务。

在举办大型展会或开展群众活动时,在室外重点区域使用警用无人机,可实现全面现场监控,及时发现和处理意外事件;携带追踪设备的无人机可锁定嫌疑人或车辆，自动跟踪，引导追捕；在人质劫持等反恐案件现场，警用无人机可秘密进入不易接近的区域，除侦察外，甚至可以携带小型催泪瓦斯进行空中投掷。无人机集会监控如图1-18所示。

图1-18 无人机集会监控

1.6.7 火灾、洪水救援/灾害评估/人员搜救

近年来，无人机技术迅速发展，在各类救援行动中发挥出重要作用。无人机具有操作简单、灵活机动、适合复杂环境作业、受交通条件限制小等优点，可以帮助指挥中心第一时间掌握现场情况，支持救援工作。

同时，无人机通过挂载红外热成像、激光雷达和应急通信等设备，在紧急搜救、空投物资及空中通信中继等方面发挥重要作用，在防汛抗旱、地质灾害、森林防火灭火、地震灾害等灾害应急救援方面都有独特优势和广阔应用前景。

在防汛抗旱工作中，无人机被应用于灾情巡查、灾情摄影和应急救援指挥。因为无人机起降无须大面积场地且连续作业能力强，灾情发生时，可对受灾地区进行全天候、全覆盖的长时间监管。通过挂载扩音设备，无人机还能用于广播预警，发挥高空喊话、安抚情绪的作用。

我国西南地区地质灾害高发，同时河谷深切、谷坡高陡、植被茂密，仅靠地质工作人员进行地面调查，不仅工作强度大、效率低、风险大，而且部分区域难以到达，很难在短时间内全面掌握灾情信息。

无人机不受地形条件影响，可以快速飞抵灾害点位进行实时监控，对山体滑坡、泥石流、崩塌等开展应急测绘，测算塌方量、滑坡量等信息，预估灾害波及范围，通过提前预估、防范的方式降低灾害损失，也为灾后重建、损失评估提供决策支持。

在森林火灾方面，无人机也全流程参与处置工作。无人机可将燃烧发现面积缩小到$2.5 km^2$，其搭载的气体探测仪可以监测火场中的浓烟空气，寻找森林中堆积物腐烂产生的可燃气体，及时发现可能引起燃爆的地段，提前处置，预防森林燃爆。

火灾蔓延的判断、高层建筑起火的救生等方面都是消防工作部署的关键，无人机可将详细情况实时传送至地面指挥车；当发生洪水时，无人机可携带救生绳或救生圈，并将其投送到需要者身边；中高空无人机可提供洪水受灾面积、地震毁坏程度等评估，为救灾部门提供最真实、最及时的资料；携带生命探测仪的无人机是搜救幸存者的有力工具。随着技术发展进步，以无人机为代表的新型智能救援产品逐渐崭露头角，前景可期。无人机救援在世界各国，特别是在应急救援方面的应用越来越广泛，在国家防灾、减灾、救灾及安全生产中的地位越来越重要。无人机救援如图1-19所示。

图1-19　无人机救援

1.6.8　快递送货

无人机快递（UAV Express），即利用无线电遥控设备和自备的程序控制装置操纵无人驾驶的低空飞行器运载包裹，自动送达目的地。其优点是解决偏远地区的配送问题，提高配送效率，同时减少人力成本；缺点是恶劣天气下无人机会无力送货，在飞行过程中，无法避免人为破坏等。

2015年2月6日，阿里巴巴在北京、上海、广州三地展开为期3天的无人机送货服务测试，使用无人机进行货物投递。这些无人机不会直接飞到客户门前，而是会飞到物流站点，"最后一公里"的送货仍由快递员负责。在国外，亚马逊在美国和英国都有无人机测试中心。2022年8月，美团在深圳开设首条无人机常态化试运营航线，从餐饮配送场景出发，延伸到百货、商超等领域无人机自动化配送，探索为商圈周边居民提供半径"3 km 15 min"万物到家的全新服务体验。此外，顺丰在重庆试水了特色农产品运输，包括巫山脆李、奉节脐橙。无人机快递如图1-20所示。

图1-20　无人机快递

1.6.9 保护野生动物

位于荷兰的非营利组织——影子视野基金会等机构正在使用经过改装的无人机，为保护濒危物种提供关键数据，这种无人机已在非洲得到广泛使用。经过改良的无人机还能被应用于反偷猎巡逻。英国自然保护慈善基金——皇家鸟类保护协会也将越来越多的无人机应用于鸟类和自然栖息地的保护工作。

无人机拥有人工所无法比拟的优势。第一，人工普查无法覆盖大面积广阔区域；第二，人工普查更容易惊扰野生动物；第三，人工普查耗时长，成本高；第四，工作人员难免受到危险野生动物的攻击。而使用无人机可在很大程度上解决和避免这些问题。

要想在不惊扰动物的情况下进行大面积区域的巡查工作，还需要作业的无人机拥有长航时、作业面积广、噪声小、高分辨率等功能，如图1-21所示。

图 1-21　无人机保护野生动物

1.7　民用无人机的未来发展

从需求来看，未来 10 年，全球无人机销量仍将主要集中在中低端的民用无人机和消费型无人机。民用无人机的用途极为广泛，未来市场主要集中于农林植保、影视航拍、电力巡检等领域。借鉴美国对民用无人机监管逐步放松的历程，以及国内民用无人机政策的规范和低空空域改革的深化，我国民用无人机行业将呈现爆发式增长。预计未来 10 年，我国民用无人机市场总规模将超过 300 亿元。

农业植保是民用无人机目前最为可行的应用领域。近几年来，农业生产的机械化和自动化引起了国家相关部门的重视，农机装备也被列入"中国制造2025"中所需要重点发展的十大领域。我国耕地面积超过 20 亿亩[①]，是传统的农业大国。虽然我国农业机械化率目前已经达到了 61%，但是还存在高端农机装备数量缺乏及农机化发展不平衡等问题。

农林植保无人机作为高端农机装备的一种，通过低空施药技术同无人机平台等的有效结合，现已取得了许多重大成果。据统计，中国目前使用的植保机械以手动和小型机（电）动喷雾机为主，其中手动施药药械、背负式机动药械分别占国内植保机械保有量的 93.07% 和 5.53%，拖拉机悬挂式植保机械约占 0.57%，植保作业投入的劳力多、劳动强度大，施药人员中毒事件时有发生。

通过使用无人机喷洒农药，不仅可以有效减少因农药中毒造成的人员伤亡，还可以提

---

① 1 亩 ≈ 667 m²。

高农药喷洒效率并且降低成本。据统计，单架无人机作业可以在 1 亩/min 的喷洒速度下，每亩至少节省 20% 的农药。

根据我国 18 亿亩左右的基本农田面积，以及常规水稻一年 10 次左右的施药作业量，按照 1 亩/min 的无人机施撒速度，可以得出农林植保无人机一年最多需要工作 3 亿小时。而目前国内使用无人机进行农药喷洒比重还不足 1%，假设未来 10 年，该比重逐步提升至 5%，同时假设油动无人机平均寿命从 400 h 增长到 800 h，单机平均售价由 40 万元以 10% 的降速降至 15 万元。我们预计，未来 10 年，我国农林植保无人机总需求金额将超过 220 亿元。

我国电影及电视节目制作将开始大量使用无人机。航拍无人机要求姿态、定高的精确度以及发动机的可靠性。在影视航拍无人机的应用方面，美国无疑走在世界前列。美国联邦航空局（FAA）最早允许使用的商用无人机就应用于影视航拍领域，国内影视作品拍摄也越来越多地使用到了无人机，使用无人机进行航拍能够在得到优秀拍摄角度及画面的同时，有效地控制制作成本。因此，无人机将越来越多地成为具有经济实力的中央电视台、省级卫视台拍摄自制电视剧或电视节目时所使用的高端拍摄道具。

根据广电总局统计，2014 年我国电影拍摄数量达到 618 部，与 2013 年的 638 部基本持平，在全球仅次于印度和美国。另外，据国家统计局数据，我国 2013 年公共频道电视节目制作数量为 34 套。今后，我国电影及电视节目的拍摄将更加重视质量而非数量。我们预计，未来 10 年，我国电影年均产量将在 700 部左右，电视节目年均制作量在 40 套左右。

假设按照每部电影电视产品 4 架无人机的使用量和 50% 的影视航拍无人机使用比例，那么我国未来 10 年影视航拍无人机的总需求将达 14 800 架。按照每架无人机 5 万元的价格（影视航拍使用电动无人机价格较低），国内影视航拍市场需求总额将达 7.4 亿元。

电力巡检的需求爆发与否取决于政策规范的时点。我国 2014 年发电量超过 5.6 万亿 kW·h，已是全球第一的用电大国。同时，由于我国地域广博，许多输电线位于人烟稀少的山区或环境恶劣的高原，这给工作人员进行电力巡检带来了极大的风险。

电力巡检无人机的出现很好地降低了工作人员的安全风险，同时也极大提高了巡检的效率。无人机可以轻松到达距离地面 100 m 高的铁塔上方，利用高清相机进行实时观测和高清拍摄，实现点对点的故障查巡。还可对线路中有可能存在的隐性或潜在的缺陷隐患进行定点排查，及时掌握特高压输电线路设备的运行状态。据媒体报道，使用无人机进行电力巡检大概可以将原来 1 h 的工作时间缩短至 15 min 左右。

国家电网在 2009 年就进行了无人直升机巡检系统的立项，经过近几年的发展，无人机在电力系统的应用已涵盖了电网建设放线、输电线路巡检、电网故障处理及电网灾后故障扫描分析等。除功能的纵向延伸外，无人机在电力系统巡检中的地域广度也在不断扩大，从沿海到内地，从山区、平原到高原，各地都在陆续开展无人机的电力巡检。

在电力巡检无人机需求不断扩张的背后，面临的却是标准空白所导致的诸多限制。2015 年，由国家能源局发布的《架空输电线路无人机巡检作业技术导则》（DL/T 1482—2015），成为我国输电线路运维领域首份关于无人机应用作业的行业标准，为电力巡检无人机的规范化提供政策依据。

据中国电力建设企业协会统计，截至 2014 年年底，我国电网 220 kV 及以上输电线路回路长度达到 57.2 万 km。按照每年 25 次的电力巡检次数计算，每年需要巡检长度约为

1.430 万 km。据新华报业网报道，使用无人机巡检 62 km 的输电线路仅需 3 h，据此估计无人机进行电力巡检速度约为 20 km/h。假设电力巡检无人机在未来 10 年平均巡检量为输电线回路总量的 50%，其每年工作量应为 35.75 万 h 左右，按照无人机 400 h 左右的寿命，电力巡检无人机年需求量约为 900 架。按照 20 万元的无人机平均售价，我们预计，未来 10 年电力巡检无人机年均需求额达到 1.8 亿元，总需求金额将达到 18 亿元。到 2021 年，我国输电线路总里程增至 159 万 km 以上，我国无人机电力巡检进一步释放与扩大，国内市场规模即将突破 50 亿元。电网一直在加速无人机电力巡检人才团队的扩建，但国内能满足电网无人机电力巡检人才需求的飞手却远远不够。由此可见，在无人机电力巡检国内市场规模日渐扩大的情况下，能满足无人机电力巡检的人才数量却增长缓慢。

电网想要提高电力巡检的效率，保证用电安全，需要实现无人机电力巡检的规模化应用，需要一大批专业的无人机飞手。因此，我们不难看出无人机电力巡检行业的就业前景一片光明。

其他诸如森林防火、油气管道巡检、警用执法、地质气象勘测等领域的无人机年需求也将在 1 亿元左右。我们预计，未来 10 年，我国民用无人机平均年需求量将在 30 亿元左右，总需求量将达到 300 亿元。

消费型无人机本身技术含量并不高，同类型产品很难在技术指标上拉开大的差距，彼此间的竞争主要是成本比拼。我国作为世界排名前列的制造业大国，凭借着产业配套体系和人工成本双重优势，已在全球消费型无人机市场中占据了举足轻重的地位。

对于普通民众来说，消费型无人机大多还仅限于拥有自拍及航拍功能，或者纯粹的航模玩具，但是科技巨头们早已为未来的无人机融入多种可能性，会让无人机变得更加聪慧、智能，使用更加快捷方便。

另外，Google、Amazon、顺丰、DHL、京东等公司也都想通过无人机完成货物的运送。虽然目前送货无人机还受制于空管系统、运输成本、无人机驾驶员稀缺等大量问题，但是随着政策的放开和技术进步，未来我们有望看到无人机应用的百花齐放，真正融入人们的生活。无人机未来的发展，将持续降低制造成本、学习成本，随着技术的不断成熟与进步，机体制造的成本费用将不断降低，售价也将更加亲民。同时，无人机自主性能不断提高，用户学习成本下降，操作变得更加简单易用。

思 考 题

1. 无人机系统的英文缩写是（　　）。
   A. UVS   B. UAS   C. UAV
2. 轻型无人机，是指空机质量（　　）。
   A. 小于 7 kg   B. 大于 7 kg，小于 116 kg
   C. 大于 116 kg，小于 5 700 kg
3. 近程无人机活动半径为（　　）。
   A. 小于 15 km   B. 15～50 km
   C. 200～800 km

4. 任务高度一般为 0~100 m 的无人机为(　　)。
   A. 超低空无人机　　　　　　　　B. 低空无人机
   C. 中空无人机

5. 不属于无人机系统的是(　　)。
   A. 飞行器平台　　　　　　　　　B. 飞行员
   C. 导航飞控系统

6. 常规固定翼/旋翼平台是大气层内飞行的(　　)空气的航空器。
   A. 重于　　　　B. 轻于　　　　C. 等于

7. 不属于抵消旋翼机反转力矩的方法有(　　)。
   A. 尾桨　　　　　　　　　　　　B. 共轴旋翼
   C. 增大旋翼半径

8. 多轴旋翼飞行器通过改变(　　)控制飞行轨迹。
   A. 总距杆　　　B. 转速　　　　C. 尾桨

9. 目前主流的民用无人机所采用的动力系统通常为活塞式发动机和(　　)两种。
   A. 涡喷发动机　　　　　　　　　B. 涡扇发动机
   C. 电动机

第2章　无人机系统概述

学习目标

一、知识目标

1. 了解无人机的飞行平台系统；
2. 掌握固定翼构型飞行平台系统的构成；
3. 理解无人机地面站及支持设备运行的原理；
4. 根据要求正确确定并选择四旋翼无人机部件；
5. 对四旋翼无人机进行组装和调试，并进行简单操作。

二、能力目标

能够在所学知识基础上，结合以往学习和生活经历，认识无人机的广泛应用，做好知识的迁移。

三、素养目标

1. 具有对待工作和学习一丝不苟、精益求精和创新创业精神；
2. 具有学科自信、文化自信；
3. 具有团队协作能力，吃苦耐劳、诚实守信的优秀品质和奉献精神。

无人机是利用飞行平台执行指定任务的空中机器人。因此，它的系统主要可分为两大部分：一个是飞行平台；另一个是任务载荷。任务载荷有时和飞行平台相互完全独立，但绝大部分会在一些系统上进行交联。下面分别就这两大部分开展论述。

2.1　无人机的飞行平台系统概述

无人机的飞行平台不外乎固定翼的飞机构型（含伞翼、柔性滑翔翼和充气的柔性翼）、旋翼类的直升机或自转旋翼机构型、变模态的直升机构型、轻于航空器的浮空航空器构型及扑翼构型的航空器。

无人机驾驶航空器系统是由飞行器平台、控制站、通信链路，以及批准的型号设计规定的任何其他部件组成的。

2.1.1 固定翼飞机

固定翼飞机(Fixed-wing plane)平台即日常生活中提到的"飞机",是指由动力装置产生前进的推力或拉力,由机体上固定的机翼产生升力,在大气层内飞行的重于空气装置的航空器。此类飞行平台主要可分为机身、机翼、尾翼、起落装置、动力装置、机载设备装置六大部分。其与有人机区别并不大,只是将传统的尾翼(严格地讲应该称为安定面及舵面)独立划分融合进机翼的范畴,因为有些鸭翼构型的飞行器的安定面或舵面不仅起到稳定控制作用,一样也能产生升力,而伞翼或柔性滑翔翼因为在飞行中,其产生升力的柔性翼面通过支架或伞绳与机身相连且基本相对保持位置不变,也把它们划分到飞机一类里面统一描述。

1. 机身

机身主要起装载和连接的作用。无人机的任务载荷都安装于机身内部或表面,而且机身与动力装置、起落装置、机翼相连,机身将整个分系统有机地联系在一起,并通过自身的结构来承担自身或其他部件、装载的内容物传递的载荷、飞行中的气动过载及传递力矩(图2-1)。机身的设计目标:满足应用的要求;在保证结构完整安全的前提下尽量减轻结构质量;合理运用内部空间,保证飞机飞行性能;尽量光滑流线,减小阻力;可维护性好,安装在机身内部的设备便于接近维修;便于制造,便于修理。固定翼无人机的机身构型可分为简单梁杆式、构架式、半硬壳式和全硬壳式。就机身的本体而言,除翼身融合或按照升力体设计机身外,几乎不产生升力,产生的都是废阻力。因此,在满足运载能力、结构强度和飞行性能的前提下越简单、越流线、越光滑就越能降低阻力。

(1)简单梁杆式机身。简单梁杆式机身主要由自由飞类航模滑翔机发展而来,此类无人机的机体就是一根非常简洁的杆,机翼尾翼直接安装在上面,机身头部或下部安装有任务载荷,此类构型的特点就是简单,所有设备一目了然、便于维护,此类构型的机身主要用于便携式手抛近距侦察使用的无人机(图2-2)。机头或机身下方悬挂的任务载荷可以根据不同任务安装不同的设备总成,此类构型的无人机往往采用高置上单翼,推进式或拉进式动力装置,电动居多,而且动力装置一般都与机翼相连而不与机身相连,机身仅仅通过翼台与机翼、尾翼相连,为了追求简单轻巧,起落装置往往也会省略。

图 2-1 歼七飞机的机身

图 2-2 单兵手抛无人机

(2)构架式机身。构架式机身为了保护任务载荷及控制装置,构架式机身采用木质或金属及复合材料条、管、棒进行构架,并且通过搭建三角形结构用以加强,最终由整个机身构架承载剪切力、弯矩和扭矩(图2-3)。在这样的机身外表会蒙有棉纸、绢、涤纶绸布、热缩膜等材料来整流，偶尔也能见到用复合材料或木质薄板整流的，但是这些蒙皮更多起到的是让整个机身尽量光滑的作用，只承担很小的气动力，一般不承担任何弯、扭、剪力。此类机身构型应用在早期的一些固定翼无人机上面，现在用得不多。但是这种构型在无人直升机和多轴飞行器上应用广泛，小型的无人直升机一般由航模直升机发展而来，机身就是工程塑料、金属或复合材料制成的机体构架，小型的多轴飞行器更是用复合材料或工程塑料的板材和管材进行构架整合，机体外表的整流罩主要是为了美观和保护内部设备，不承担机体受力。

（3）半硬壳式机身。半硬壳式机身是由梁、桁条、隔框组成框架，外表覆盖蒙皮，蒙皮与梁、桁条和隔框也紧密相连，共同组成机身的箱筒状结构。其中，大梁和桁条用来承受弯矩引起的轴向力，与之相连的蒙皮除要不同程度地承受轴向力外，还要承受全部剪力和扭矩；隔框用来保持机身的外形和承受局部空气动力，另外，还要承受各部件传来的集中载荷，并将这些载荷分散地传递给蒙皮。这一结构是当前主流的载人飞机的机身结构（图2-4），对于无人机而言主要由固定翼无人机采用，材料也主要是木、金属、碳纤维和玻璃纤维等。

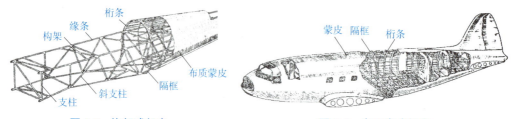

图 2-3　构架式机身　　　　　图 2-4　半硬壳式机身

（4）全硬壳式机身。全硬壳式机身是采用框架、隔框形成机身的外形，而蒙皮承受主要的应力（图2-5）。硬壳式机身结构一般只有隔框，没有或有很少的纵向加强件，因而，蒙皮必须足够厚和足够强才能维持机身的刚性。这在现代载人飞机领域较少使用，在通用航空领域由于飞机体量比较小，也能找到一些采用硬壳结构机身的载人飞机。在无人机领域，因为尺寸更小，就有很多机身采用整体注塑式或复合材料制作的全硬壳式机身无人机，特别是在一些小型舱身式无人机用得比较多。现在制造航模无人机的材料越来越轻量化，EPP、EPO、EPS这样泡沫一次成型的机身，为了加强机身强度，中嵌一根碳纤维梁，这种结构从某种意义上也可以视为硬壳式机身。

图 2-5　全硬壳式机身

2. 机翼

机翼（包含尾翼或鸭翼）是产生升力及姿态控制力的主要部件，机翼一般是左右对称地出现在机身两侧，主要目的就是产生升力及气动平衡力矩，上面还拥有一些可以活动的舵面,这些活动的舵面可改变机翼的形状,控制升力和阻力的分布,达到改变飞行姿态的目的。无人机领域的飞行器尺寸都较小,因此,机翼的构造主要可分为构架式、整体式、柔性结构式。构架式就是和普通飞机一样的类型,由翼梁、翼肋、腹板、加强筋条组成构架并且与蒙皮一起组合形成盒型结构来承担弯矩扭矩并且保持机翼外形,由蒙皮承担的气动力传导至结构架上作为机翼的整体载荷(图 2-6)。这一机翼形式在无人机和航空模型领域应用最为广泛,广大爱好者在航空模型制品中经常能见到。

整体式是利用可发泡材料在模具内统一发泡成型。此类材料有 EPP、EPO、EPS 等。此类机翼便于生产,一次成型,耐冲击、韧性好,但是强度不足,一般都需要与木材、复合材料、铝合金等材料制成的杆或梁相结合才能发挥出最大的性能优势(图 2-7)。此类机翼还有一个特点就是只能用专用的胶水粘接,传统的 502、哥俩好等含有有机溶剂的胶水会对其产生严重腐蚀。此类机翼主要用于简易便携的手抛类型无人机,除机翼外,甚至机体都可以用这种材料制作,可以进一步降低成本。

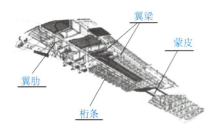

图 2-6 构架式的机翼

图 2-7 泡沫整体成形的机翼

柔性结构的机翼主要是指半柔性伞翼、全柔性伞翼及充气柔性翼(图 2-8)。半柔性伞翼采用航空铝合金或复合材料薄壁管构建三角形的构架,用涤纶纤维织物制成伞布形成左右对称的两个圆锥面组成。飞行时迎面而来的气流吹鼓伞布自然形成产生升力的翼面,柔性的翼面将气动力传导至伞翼构架上,伞翼构架承担主要气动载荷,此类伞翼仅仅起到升力面的作用,不具备姿态控制能力,在同样高度与速度下,伞翼能提供的升力仅达到通常机翼的 1/3 左右,飞不到较高的高度。但是由于采用三角形伞翼,使飞机翼展较小,这样在低空复杂气流作用下,相对容易保证平稳飞行,此类构型多见于慢速的航拍航测无人机上。而全柔性的伞翼主要是指类似滑翔伞或特技运动降落伞那样的构型,采用航空绸布制成上下两片翼面,中间以肋片隔开若干气室,前缘开口,后缘封闭,飞行时相对气流自前缘的开口处冲压进入,形成上表面鼓起、下表面凹进的滑翔翼构型,每一个气室也成为组成整个伞翼翼面的单元,每个单元可以提供一部分结构刚度,但绝大部分的翼面的升力或气动应力全部通过柔软的伞绳传导至机身上,并通过操纵绳来改变伞翼的两侧弯曲程度来实现姿态控制。在不飞行时,整个伞翼就可以折叠收藏。由于起飞时展开较为麻烦和起伞技巧要求较高,此类机翼构型在无人机中的应用不是很多(图 2-8)。

充气柔性翼是指通过充气式来达到合适的升力体构型的机翼。内部充入氦气后,膨胀成特定

图 2-8 柔性机翼的无人机

机翼形状。通过翼下扣带连接吊绳丝将机身吊挂在柔性翼下方，可构成充气式柔性翼滑翔机、人力飞机、动力飞机和太阳能飞机。如果在内部充填的是氦气（不允许使用氢气，除非得到局方批准），充气柔性翼就同时具有静态浮力和动态升力，整体结构质量可减至普通机翼的1/3~1/2，不仅简单可靠、安全稳定，制造成本也可以大大降低。其实，此类构型的机翼是轻于空气的航空器和重于空气的航空器的结合。柔性机翼的使用难点就是此类机翼难以在其上面布置副翼、襟翼、缝翼、扰流板等操作面，也无法在机翼内部安排整体油箱等。

3. 尾翼

尾翼是用来配平、稳定和操纵固定翼飞行的部件（图2-9）。它通常包括垂直尾翼和水平尾翼两部分。

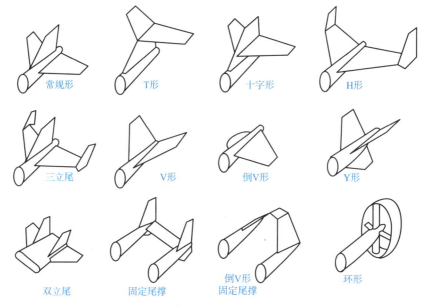

图2-9 固定翼飞行器不同的尾翼形状

4. 起落装置

起落装置是让飞机在地面停放、起降滑跑时用于支撑整机质量，吸收接地冲击能量的部件（图2-10），有轮式、滑橇式、雪橇式、浮筒式和船身式等构型。

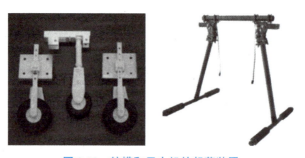

图2-10 航模和无人机的起落装置

轮式起落装置应用最为广泛，各类航空器均可采用；滑橇式起落装置主要用于直升机；雪橇式起落装置主要是根据冬季的自然环境由轮式起落装置改装而来；浮筒式起落装置是为了应用在水上起降条件而设计的，固定翼的飞机或旋翼类的直升机都有采用；船身式起落装置则主要应用于固定翼的水上飞机构型。

无人机则主要以轮式和滑橇式起落装置为主。轮式起落装置在固定翼上应用较多，滑橇式起落装置则主要是在直升机类无人机上应用比较多。由于很多无人机的体型比较小，所以，有的无人机干脆取消了起落装置，直接采用机腹迫降的形式着陆。载人的飞机为了有效减缓飞机着陆时和地面的撞击，大多使用了液压气压混合减震的方法，而且充气轮胎的弹性也有很好的吸收振动的能力。对于无人机而言，由于本身的尺度及质量轻，为了尽量简化并节约质量，让无人机能携带更多的载荷执行任务，绝大多数采用了非常简单的板式起落装置。板式起落架利用材料自身的弹性来吸收振动，橡胶机轮绝大部分是实心或空心不充气的状态，可完全满足日常使用的需要。仅仅在大型的军用无人机上才用到了具备油气混合减振支柱的起落装置和充气轮胎。

对于旋翼类的直升机构型的无人机，无论是传统布局还是多轴布局，无一例外地采用了塑料、板材或复合材料的滑橇式起落装置。因为单旋翼的直升机或多轴飞行器自身可以控制下降率，起落装置与机身或机架本体就是刚性连接，在飞行或降落时完全依赖在任务设备上或机载设备上安装的减振吸能的装置来抵消整个飞行器产生的振动或接地冲击。一旦着陆冲击太大，滑橇起落装置就会通过变形或结构溃缩来吸收冲击能量，从而达到保护更重要的机载设备的目标。

5. 动力装置

动力装置是为整个飞行器平台提供推（拉）力，从而让飞行器产生升力并能够为其他机载设备或系统提供动力能源的系统。该系统包含发动机本体和正常工作必需的系统和附件。动力装置可以让飞行器能够持续前行或带动旋翼旋转，让空气和机翼或旋翼产生相对运动，从而在机翼上或旋翼上产生升力，属于一次能源。动力装置还可以通过附件齿轮箱带动发电机产生电力、带动液压泵产生液压力、产生压缩空气等，用于机载设备、环境控制、飞行控制等，属于动力系统产生的二次能源。

常见的动力装置有五大类，即活塞式内燃发动机（图2-11）、涡轮喷气式发动机、冲压喷气式发动机、火箭式发动机和电动机（图2-12）。其中，前三者需要不断地吸进空气，压缩燃烧，排出燃气对外做功实现连续运转，只能在大气层内使用。而火箭式发动机一般通过自行携带的氧化剂和还原剂或固体燃料完成燃烧和产生推力，不再需要额外的空气，因此，火箭式发动机不仅可以在大气层内使用，还能在外太空使用。最后一种电动机最为清洁，也最安全，对机械维护保养要求低。

需要说明的是，动力装置还可以细分为热机、电动机和推进器。所谓热机和电动机是将化学能或电能转换成机械能的机械，推进器是能够提供动力或推进力，提高速度的设备。我们可以看出活塞发动机仅仅是热机，推进器是安装在上面的螺旋桨（图2-13），而燃气涡轮发动机（图2-14）本身既是热机又是推进器。当然，支线客机使用涡轮螺旋桨发动机和直升机使用的涡轮轴发动机有些例外，因为它们绝大多数的机械能量被用于驱动螺旋桨和旋翼了，排气没有能量让飞行器速度的增加。所以，它们是热机，推进器仍然是螺旋桨和旋翼。

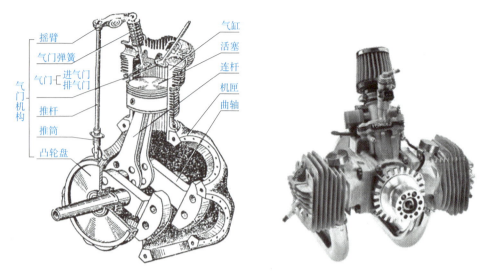

图 2-11 活塞式内燃发动机

图 2-12 电动机

图 2-13 螺旋桨

对于活塞发动机而言，螺旋桨的功能不仅是推进器，还承担着让曲轴连杆带动活塞越过上下止点的飞轮效应，以及对气缸强制散热的功能。

活塞螺旋桨、涡轮螺旋桨、涡轮风扇、涡轮喷气、冲压及火箭动力装置分别针对不同的飞行速度、飞行高度及经济性，依次是增加和减少的关系。对于军用无人机而言，大部分使用环境也是低空低速，

图 2-14 燃气涡轮发动机

因此，绝大部分采用了活塞发动机搭配螺旋桨构型的动力装置，而在军用的一些大型、高空长航时无人机，甚至靶机、靶弹上才会使用涡桨、涡扇、涡喷、冲压甚至火箭等动力装置。而在民用消费无人机领域，占主要地位的是由电动机和螺旋桨匹配而成的动力装置，既干净清洁，又方便安装，还好操作，易于控制，可动部件很少，最大限度地降低了因为机械原因导致故障的可能性，但是电动机非常依赖可靠性很高的电池或发电系统。另外，一部分民用无人机则为活塞式内燃发动机的发动机和螺旋桨的配置，涡轮喷气类发动机虽然在民用无人机领域也有应用，但是所占份额最少，而且多应用于大型民用无人机场合。需要说明的是，目前在大部分无人机产品里面，动力装置还暂时只起到产生推（拉）力促使飞行器飞行速度更快、升力、更大的一次能源的功能，仅仅少部分军用或大型民用无人机的动力装置才有提供二次能源的能力。

6. 机载设备装置

机载设备装置无论在固定翼飞机还是在旋翼类的直升机或自转旋翼机都基本相同，仅仅是飞行控制设备的控制方法不太相同而已。一般将机载设备分为飞行控制、通信系统、机电系统和任务设备四大系统。

飞行控制系统可用来保证飞行器的稳定性和操纵性，提高完成任务的能力与飞行品质，增强飞行的安全及减轻驾驶员负担(图 2-15)。飞行控制系统可分为人工控制和自动控制两种方法。人工控制的指令是由驾驶员发出，通过机械连接或光电信号线路传输到舵面或作动筒，直接对飞行器的动作进行控制。自动飞行控制的指令是系统本身自动产生的，自动飞行控制系统是对飞机实施自动或半自动控制，按照飞控计算机储存的飞行路线自动控制飞机或协助驾驶员来自动控制飞机。

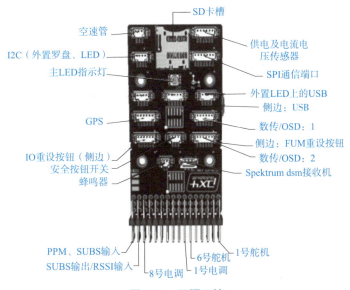

图 2-15 开源飞控

飞行控制系统实现飞机的俯仰、滚转和偏航控制，增升和增阻控制，配平，直接控制及其他改变飞机的构型控制(如改变机翼后掠角、水平安定面安装角等)。它既是飞机的一个组成部分，也是一个独立的系统，如自动驾驶仪、发动机油门的自动控制、结构模态抑制等。简单地说，就是将飞行员的操作意图或是将飞行管理计算机里储存的飞行计划通过飞行控制计算机转换成控制信号，再依靠机械连杆/传动钢索、电传/光传系统、液压作动器等传递到控制舵面上，同时，测量飞机的姿态、速度、高度等信息，通过导航系统实时解算飞行器的位移，显示在飞行员面前或和飞行管理计算机里的飞行计划进行比对实现飞机的半自动控制和自动控制。

大型无人机的飞控系统和有人机相差不大。而在消费级微小型无人机领域飞行控制系统则主要是电源、飞行控制器、GPS 天线、舵机/电调、电机、摇臂、连杆及舵面等。无人机的通信系统就是将驾驶员的操纵意图通过地面站转化成无线信号，经数传电台或卫星通信天线传输给无人机，同时，也将无人机的状态、位置信息等信号传输回地面站，并在显示屏上显示给驾驶员。而无人机所携带的光电传感器等任务设备感受到的图像，或者拍摄到的图片需要通过图像专用的无线链路传回地面控制站,这就有了无人机常用的图传电台(图2-16)和数传电台(图2-17)。图传电台一般是单向的下行链路,而数传电台是双向的上下行链路。

图2-16　图传电台　　　　　　图2-17　数传电台

无人机机电系统是指无人机所搭载的用于辅助执行任务的各类机械电气机构。典型的设施如航拍无人机的云台系统和机架变形系统(起飞后收起起落装置以获得更好的拍摄视野)、货运无人机的抓取收放机构等。

无人机任务设备是指无人机的各种用于执行指定任务的设备,如摄像头、光电球、药液布洒器等,这些在后述内容中会专门进行讲解。

2.1.2　旋翼飞行平台

旋翼飞行平台即旋翼航空器平台,旋翼航空器是一种重于空气的航空器,其在空中飞行的升力由一个或多个旋翼与空气进行相对运动的反作用获得,与固定翼航空器为相对的关系。现代旋翼航空器通常包括直升机、旋翼机和变模态旋翼机三种类型。

旋翼航空器因为其名称常与旋翼机混淆,实际上旋翼机的全称为自转旋翼机,是旋翼航空器的一种。

旋翼航空器飞行平台系统主要可分为机架/机身、旋翼、起落装置、动力装置和机载设备。在旋翼类飞行器中产生的升力和姿态控制的力绝大多数来自旋转的旋翼;固定翼飞机由动力装置提供前进推力/拉力,由机翼产生升力。也正是因为这种不同造成了旋翼类航空器和固定翼的飞机在飞行性能与适用领域上的巨大差异。由于前面已经介绍过飞机平台的系统,因此,功能和特性类似的系统就不再赘述,本节主要介绍旋翼。

首先,旋翼并不是螺旋桨。螺旋桨是指靠桨叶在空气或水中旋转,将发动机转动功率转化为推进力的装置。螺旋桨可有两个或较多的桨叶与桨毂相连,桨叶的向后一面为螺旋面或近似螺旋面的一种推进器,而桨叶的向前一面向前鼓出,沿着桨叶做一个周向切面,就会发现这个切面就是一个标准的翼型,用于和空气或者其他介质相对运动产生流体动力。螺旋桨可分为用于船舶的水下螺旋桨和用于飞机的空气螺旋桨。为了使螺旋桨桨叶各个位置能在升阻比较大的有利迎角工作,提高效率,获得较大的拉力和较小的阻力矩,所有桨叶在结构上有一个扭转的角度,即桨叶角。螺旋桨工作时,桨叶各点的线速度随半径变化,接近桨尖的线速度远大于桨根的线速度。如果整个桨叶都是同样的迎角,在桨尖上产生的升力大于桨根处,为了保证整个桨叶的气动力矩分布均匀和提升效率,应减小桨尖处的桨叶角,增大桨根处对应的桨叶角,这些原因综合起来就造成了螺旋桨的桨叶角从桨尖到桨根应按一定规律逐渐加大，所以更为确切地说，螺旋桨是一个扭转了的机翼(图2-18)。

图2-18 直升机旋翼主轴上复杂的变距机构

直升机是一种由一个或多个水平旋转的旋翼提供升力和推进力而进行飞行的航空器。直升机具有大多数固定翼航空器所不具备的垂直升降、悬停、小速度向前或向后飞行的特点。这些特点使得直升机在很多场合大显身手。直升机与固定翼飞机相比，具有速度低、耗油量较高、航程较短的缺点。

旋翼是旋转的机翼。产生升力的原理与固定翼飞机的机翼相同，只是整体非常细长，沿半径方向迎角变化很小，也就是说旋翼几乎是不扭转的，即使有也很小，不像螺旋桨那样明显。旋翼的旋转平面上产生的空气动力：一方面克服直升机重力；另一方面整个旋转平面倾斜产生水平方向的分力，实现了直升机前飞、倒飞、侧飞等控制，具备了固定翼飞机操纵舵面的功能。一般来说，螺旋桨仅仅是通过旋转产生空气动力实现某一方向的运动，它的旋转平面几乎不倾斜，而旋翼会小范围的倾斜。早先，在无人机领域我们看到大部分的固定翼飞机都使用螺旋桨，而直升机安装旋翼，目前，在民用消费级多轴无人机上出现的情况是用多个电动机带动多个螺旋桨的构型。多轴飞行器也属于直升机的构型，在人类早期研究直升机时，很多采用了多轴多螺旋桨的构型，当时的人们认为这种构型最为对称，应该最好控制，结果实践发现，并不如人所愿，相反单一旋翼加尾桨的构型逐渐成为直升机的主流。直到现在微机电、微电子技术、集成电路大规模发展，利用计算机进行增稳控制才实现了多轴多桨的直升机构型。

其次，无人机的螺旋桨(图2-19)可以固定桨距使用，也可以采用可调桨距使用，以适用不同的发动机转速，发动机意外停车时能够顺桨，飞机降落时可以反桨，但是其旋转平面不会发生变化；旋翼除变桨距的功能(没有顺桨功能)外，还有周期变距功能。另外，为了适应尺寸巨大的桨叶的柔性变化及消除科氏力的影响，除变距铰外，还设计有挥舞铰和摆振铰。由于旋翼还牵涉姿态的控制，所以还设计有自动倾斜器，通过自动倾斜器实现了旋翼旋转锥面的前倾、后倒与左右的偏斜。一般单旋翼加尾桨布局、共轴双旋翼，串列双旋翼，横列双旋翼，交叉双旋翼都是直升机的主流布局，都采用的是旋翼。大于等于三轴的直升机都是采用了螺旋桨，是利用全部螺旋桨旋转产生升力，而不同轴的螺旋桨的转速不同实现了姿态控制。由于是螺旋桨相对尺寸较小，也有利于小功率的动力装置带动，加减速特性相应也更好，更有利于飞行控制，有利于整体缩小飞行器尺寸。使用螺旋桨能明显降低整个飞行平台的运行机械部件数量，降低故障率，现在常见的消费级电动多轴无人机可动部件就仅是电动机了，其余的全部是电缆或导线束相连，将运行机构减到最低，大大降低了故障发生概率。

图 2-19　无人直升机螺旋桨

自转旋翼机简称旋翼机或自旋翼机,是旋翼航空器的一种。它的旋翼没有动力装置驱动,仅依靠前进时的相对气流吹动旋翼自转以产生升力。旋翼机大多由独立的推进或拉进螺旋桨提供前飞动力,用尾舵控制方向。旋翼机必须像固定翼航空器那样滑跑加速才能起飞,少数安装有跳飞装置的旋翼机能够原地跳跃起飞,但旋翼机不能像直升机那样进行稳定的垂直起降和悬停。与直升机相比,旋翼机的结构非常简单、造价低、安全性也较好,一般用于通用航空或运动类飞行。

自转旋翼机的设计各种各样,但大多数设计的基本构成要素是相同的。一架具备基本功能的自转旋翼机通常包括机身、动力系统、旋翼系统、尾翼和起落架五个部分(图 2-20)。

图 2-20　自转旋翼无人机

(1)机身:提供其他部件的安装结构。

(2)动力系统:提供旋翼机向前飞行的推力,在飞行时和旋翼系统无关。

(3)旋翼系统:提供旋翼机飞行所必需的升力和控制能力。常见的是带桨毂倾斜控制的跷跷板式旋翼,也可以采用全铰式旋翼。

(4)尾翼:提供稳定性和俯仰、偏航控制,与固定翼飞机的尾翼功能类似。

(5)起落架:提供在地面上的移动能力,类似固定翼飞机的起落装置。最常见的为前三点式起落架。

最后,自转旋翼机和直升机都是旋翼类航空器,虽然也有类似直升机一样的旋翼,但是这个旋翼有着明显的不同:

第一,旋翼一般是固定桨距的,不存在周期变距操纵。

第二,旋翼是被动旋转,除在地面起飞前的主旋翼预旋功能外,其他时间所有的旋翼旋转都是被气流吹动导致的风车效应产生升力，这样的被动旋转就使得自转旋翼机的旋翼旋转时所产生的反扭矩很小，自转旋翼机也就不需要尾桨或反转的旋翼来抵消反扭矩，只需要垂直安定面和方向舵就完全可以抵消微小的反扭力了。但是，自转旋翼机必须和固定翼飞机一样连续不断地前进才能获得相对气流使旋翼产生风车效应，因此可以看出自转旋翼机不能和直升机一样在某个地点上空稳定悬停。

第三，自转旋翼机的旋翼由于是被相对气流吹动旋转，所以，它的旋转平面在飞行时主要是向后倾倒。虽然桨盘旋转轴可以实现前后左右的倾倒，但并不是为了像直升机那样实现前飞、倒飞和侧向飞行。而是和固定翼飞机的副翼很像，是为了略微压坡度实现侧倾，它的向前倾倒不是为了让飞行器前飞，而是为了降低旋翼升力，使旋翼机下降高度。自转旋翼机的前飞就是由发动机带动螺旋桨实现推进或拉进的。

第四，自转旋翼机的旋翼是利用风车效应产生升力的。这是非常安全的一种升力产生办法，即使发动机停车，自转旋翼机也能轻松着陆。虽然直升机也可以利用风车效应让主动旋转的旋翼变成通过风车效应被动旋转而产生升力，这也是直升机驾驶员必须掌握的一项应急操纵技能——直升机的自旋着陆。但是，从主动旋转产生升力到风车自转产生升力有一个过渡区，这需要一定的时间和空间来转换。因此，直升机一旦发生发动机失效的情况，必须利用一定高度及水平飞行速度来让旋翼尽快达到风车自转状态。如果发动机失效的情况正好是发生在直升机低空低速飞行的时候，那就很危险了，此时直升机可能还没有穿越过渡区，就已经接地坠毁了。

一般来说，直升机发动机失效后的自转着陆过程是这样的：一开始直升机的飞行员要把主旋翼的总距都会放到最小，利用飞行高度换取飞行速度，尽快让旋翼从正常的动力飞行阶段通过过渡区转入风车自转阶段，旋翼产生风车效应从而获取升力能够保持住机体姿态；接下来就是高速下滑的过程，飞行员要寻找好迫降场地，到了最后的接地阶段是要看准时机迅速提起总距并向后带周期变距操纵杆。前者是让整个旋翼平面获得更大的升力减缓垂直接地速度；后者是让旋翼平面向后倾倒，用升力的后向分量减缓机体的前行速度，最终实现在迫降场的安全着陆。

而自转旋翼机的旋翼一直就是在风车自转状态飞行，因此，即使发动机停车也丝毫不影响其安全的飞行，无论是正常起降操控还是发动机停车后的迫降都很容易，操作方法也区别不大。对于自转旋翼机而言，完全没有直升机在发动机失效后的那些操作动作或阶段，唯一让飞行员考虑的就是选择好迫降场地然后执行正常的着陆动作就可以了。自转旋翼机因为其安全的飞行方式及相对低的制造成本，使其越来越受到航空爱好者的欢迎。只是在无人机领域，以自转旋翼机为飞行平台的无人机还不是很多。

多轴无人机(图 2-21)是一种具有三个及三个以上旋翼轴的特殊的直升机。其通过每个轴上的电动机转动，带动旋翼，从而产生升推力。旋翼的总距固定，而不像一般直升机那样可变。通过改变不同旋翼之间的相对转速，可以改变单轴推力运力的大小，从而控制飞行器的运行轨迹。由于其结构简单，便于小型化生产，近年来，在小型无人直升机领域大量应用，常见的有四轴、六轴、八轴飞行器。它的体积小、质量轻，因此携带方便，能轻易进入人不易进入的各种恶劣环境。与传统直升机相比，它有许多优点：旋翼角度固定，结构简单；每个旋翼的叶片比较短，叶片末端的线速度慢，发生碰撞时免磕碰。发展到如今，多轴飞行器已可执行航拍电影、取景、实时监控、地形勘探等飞行任务(图 2-22)。

图 2-21　多轴无人机

图 2-22　飞行中的旋翼机

2.2　无人机的任务载荷系统介绍

无人机的任务载荷系统决定了无人机的具体用途。无人机的任务载荷主要可分为光电载荷、无线电载荷、机电载荷、武装火控载荷和通信载荷五个大类。光电载荷主要是由可见光、红外、紫外等全光谱感知探测设备及人造激光设备组成的，主要执行拍摄、感知、指示等工作；无线电载荷主要是通过收发解算各种频段的电磁波来进行信息的传递、指令的发送、无线电信号的监视、检测、模拟或干扰；机电载荷主要是各类机电设备，用于执行或辅助执行具体的某项工作，如航拍航摄的云台系统、大气采样环境监测设备、农林植保播撒设备等；武装火控载荷主要是军用无人机执行军事任务所携带的各类武器弹药、武器管理和火力管控设备；通信载荷对不同功能、不同能力的无人机系统的信息快速交换、隐蔽安全通信。

现代的无人机所携带的设备都是以上五个大类或其组合。由此将无人机划分出靶机、无人电子干扰机、察打一体的攻击型无人机、反恐处突的巡逻无人机、空中通信中继无人机、实施大地测绘，以及空中拍摄的无人机、探矿和反潜无人机、环境检测与科研无人机、农林植保机等多种分类。

2.2.1　光电载荷

光电载荷主要是依靠接受、探测及发射自然与人工所产生的全频段光谱来实现侦察、拍照、感知、测量和指示等功能。它包含了可见光范围的各种摄影摄像传感器、红外范围的探头、紫外范围的感受器、激光发生器和感受器(图 2-23)，还有些高级光电载荷直接集成到了云台系统。

可见光、红外、紫外传感器的功能分别是可见光、红外和紫外光区的光电成像，将选定目标的入射光子转换成对应像元的电子输出，最终形成目标物的可见光、红外热辐射和紫外图像。紫外光电感受器主要应用于在外太空飞行的无人航天器，用来探测星体和跟踪航天器或者导弹的发射及飞行，随着技术的进一步发展，越来越多的紫外光感受器将会出现在无人机领域。激光是人类继原子能、半导体和计算机之后又一个伟大的发明。这是人类自己制造出来的光，定向型极好，能量衰减少。利用激光发生器和感受器可以实现目标探测、信号传递、数据测算、目标指示甚至是直接打击目标等功能。现在越来越多的无人机光电载荷里都有激光测距或定向功能。

2.2.2 无线电载荷

无线电载荷是无人机通过无线电进行远程控制及数据传递的各种设备的总称。无线电载荷主要由雷达、卫星通信天线、数据传输电台(图 2-24)、图像传输电台、遥控设备的定向增程天线和收发机、电子战载荷等组成。

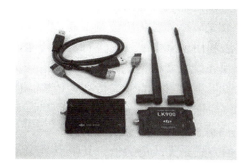

图 2-23　无人机上使用的光电载荷

图 2-24　数据传输电台

雷达(英文简称 Radar 的音译,全称 radio detection and ranging,中文翻译是无线电探测和测距),是利用电磁波探测目标的设备。雷达发射的电磁波可以覆盖目标并接受返回的波束,通过解算获得目标位置、距离、方位、高度等信息。由于光电载荷容易受到天气环境及昼夜的影响,而无线电波束的穿透力更好,探测距离远,可以实现全天候的侦察感知,针对的情况不同也有不同类型的雷达可供选择,而且通过数据分析可以在屏幕上形成不同类型直观图像或信息。

雷达的出现极大地方便了人们的工作,雷达包含雷达天线,雷达波收发组件,需要占用较大的空间及对载质量有更高的要求,因此,主要在军用无人机及高空长航时无人机上应用;民用无人机或消费级无人机应用较少。

卫星通信数据链路是通过人造地球卫星来实现地面和无人机的联络,数据的传输。卫星通信的实现大大拓展了无人机的运行范围,让早先视距传输条件下的控制变成了全球接近实时的控制,也让无人机特别是军用无人机实现了全球范围的部署和应用。通过地球同步轨道的卫星作为中继通信手段是目前主流的卫星通信方法,但卫星通信需要尺寸较大的天线。因此,在军用及大型无人机上,机身正上方隆起的鼓包就是卫星通信天线的容纳舱。

2.2.3 机电载荷

机电载荷是指让无人机能完成特定任务的机械电气机构或设备。典型的设备如农林植保无人机的药液喷洒机构,该套机构包含程序控制单元、药液储箱、增压泵、分配歧管、喷洒头及传感器等;此类任务载荷还有应急医疗无人机所携带的除颤器,以及医疗分系统的电源、航拍航摄的云台系统、大气采样环境监测设备、磁异常探测器等。

2.2.4 通信载荷

适应未来无人机通信载荷的发展需要，满足未来空天一体化联合作战能力，各类无人机系统对海量数据传输、空间高速组网及定向隐秘传输等需求十分迫切，主要表现在以下几个方面：

(1) 海量数据传输需求。目前的航空、航天等侦察平台正向高空间分辨率、高时间分辨率、高光谱分辨率和多传感器复合侦察等方向发展，迫切需要将海量原始数据以无损压缩方式从侦察平台直接传输或中继传输至指控节点，满足现代军事实时性要求。以典型的机载 SAR 为例，其数据传输速率在 3 Gbps 以上。然而，受微波传输带宽限制，目前微波传输的最高速率是 Gbps 量级，这些图像和数据无法利用现有微波系统进行实时传送，制约了无人机等新侦能力的提高，因此，需要采用新型系统来实时传送高速大容量信息。激光载波比微波频率高 4~5 个量级，使得其带宽资源更为丰富，能够支持高速传输，已经验证的单路传输速率达到 10 Gbps，因此，采用激光通信可实现数据的高速率实时传输，满足空中骨干网、无人机高清侦察图像传输、多路高清视频传输等应用需求。

(2) 定向隐秘传输需求。目前战场上使用的通信方式是无线电通信。其缺点是保密性差、易受干扰、波束宽度较宽，易被截获；优点是激光频率高、发散角小，使激光载波信号很难被截获，具有极高的保密性。主要体现在两个方面：第一，激光直线定向传播，其束散角仅有微弧度量级，不易被拦截；第二，用于通信的激光通常选择近红外光波段，为非可见光，所以不易被发现和截获。因此，激光通信符合定向隐秘传输要求，非常适合高速、安全、保密通信。

(3) 空间高速组网需求。随着无人机成本的降低及单机处理与应变能力的提高，以机群为基础的作战单元将有效提升任务执行能力。因此，未来战场的主要模式将是由无人机组成机群参与战斗或由有人无人机组成混合机群协同执行各项任务。各类飞机之间信息交互的数据量越来越大，因此，对机群内外的飞机间组网运行的需求日益迫切。利用激光作为载体，是实现大容量高速组网运行的最佳手段。

(4) 频谱资源需求。利用微波进行高速数据传输存在以下突出问题：一是频带受限，传输速率难有较大突破。目前微波传输的最高速率是 Gbps 量级，不能满足空间宽带组网的需求。二是频谱拥挤和重叠，频谱协调难度大，频率干扰严重。若采用激光进行信息传输，则不受频谱资源限制，其频谱资源充足，并且无须申请就可以使用。

(5) 轻小型、低功耗需求。受机载平台，特别是无人机平台的限制，其对载荷质量和功耗的限制要求十分严格。激光通信载荷一般采用半导体激光器件，这类器件具有质量轻、功耗小、转换效率高等优点，同时，其激光载波波长短，光学收发天线的几何尺寸小，大大减小载荷的体积和质量。因此，激光通信载荷符合无人机平台的轻小型、低功耗需求。

(6) 技术发展推动需求。现代战争对无人机的需求和依赖性日益增长，随着态势感知能力和人工智能水平的不断发展，无人机将会在更多应用上取代有人机。到目前为止，全球装备军队的无人机超过 200 种，总数达 2 万多架，有 30 多个国家和地区从事军用无人机的研究和生产。以美国通用原子航空公司的统计数据为例，该公司在过去的 20 年里已经研发了 20 多种无人机，并且每一天内的每一秒约有 68 架 GA-ASI 无人机在全球飞行。

因此，开展无人机激光通信载荷关键技术研究，构建空天一体化联合作战通信网络，具有十分重要的军事意义。

2.3 无人机地面站及支持设备概述

20年来，无人机已发展成集侦察、攻击于一体的重要军事装备。而未来的无人机还将具有全自主完成远程打击甚至空空作战任务的攻击能力。同时，与无人机发展相匹配的地面控制站（Ground Control Station，GCS）将具有包括任务规划、数字地图、卫星数据链、图像处理能力在内的集控制、瞄准、通信、处理于一体的综合能力。未来地面站的功能将更为强大：不仅能控制同一型号的无人机群，还能控制不同型号无人机的联合机群；地面站系统具有开放性和兼容性，即不必进行现有系统的重新设计和更换就可以在地面控制站中通过增加新的功能模块实现功能扩展；相同的硬件和软件模块可用于不同的地面站。当然无人机的地面支持设备还包含全系统能源支持单元、电缆架设设施，各种通信天线及运输车辆等。在本节中主要介绍地面站，其他的相对简单，只要满足使用要求直接选择货架产品就可以了，本节不再赘述。

地面站作为整个无人机系统的作战指挥中心，其控制内容包括飞行器的飞行过程、飞行航迹、有效载荷的任务功能、通信链路的正常工作，以及飞行器的发射和回收。GCS除完成基本的飞行与任务控制功能外，同时，也要求能够灵活地克服各种未知的自然与人为因素的不利影响，适应各种复杂的环境，保证全系统整体功能的成功实现。未来的地面站系统还应实现与远距离的更高一级的指挥中心联网通信，及时有效地传输数据，接收指令，在网络化的现代作战环境中发挥独特作用（图2-25）。

2.3.1 地面站的划分

一个典型的地面站由一个或多个操作控制分站组成，主要实现对飞行器的控制、任务控制、载荷操作、载荷数据分析和系统维护等（图2-26）。

图2-25 美国的军用无人机的地面站　　图2-26 便携式地面控制站的划分

（1）系统控制站：在线监视系统的具体参数，包括飞行期间飞行器的健康状况、显示飞行数据和告警信息。

(2)飞行器操作控制站：它提供良好的人机界面来控制无人机飞行。其组成包括命令控制台、飞行参数显示、无人机轨道显示和一个可选的载荷视频显示。

(3)任务载荷控制站：用于控制无人机所携带的传感器，它由一个或几个视频监视仪和视频记录仪组成。

(4)数据分发系统：用于分析和解释从无人机获得的图像。

(5)数据链路地面终端：包括发送上行链路信号的天线和发射机，捕获下行链路信号的天线和接收机。数据链应用于不同的 UAV 系统，实现给飞行器发送命令和有效载荷并且接收来自飞行器的状态信息及有效载荷数据的功能。

(6)中央处理单元：包括一台或多台计算机，主要功能是获得并处理从无人机平台下行数据传来的实时飞行数据、开展电子地图处理、数据分发、飞行分析、系统诊断、显示处理、确认各项任务规划并将操作指令通过上行链路上传给无人机平台。

2.3.2 地面站的典型功能

GCS 也可以称为任务规划与控制站。任务规划主要是指在飞行过程中无人机的飞行航迹受到任务规划的影响；控制是指在飞行过程中对整个无人机的各个系统进行控制，按照操作者的要求执行相应的动作。地面站系统应具有以下几个典型的功能：

(1)飞行器的姿态控制。在各机载传感器获得相应的飞行器飞行状态信息后，通过数据链路将这些数据以预定义的格式传输到地面站。在地面站由 GCS 计算机处理这些信息，根据控制律解算出控制要求，形成控制指令和控制参数，再通过数据链路将控制指令和控制参数传输到无人机上的飞控计算机，通过后者实现对飞行器的操控。

(2)有效载荷数据的显示和有效载荷的控制。有效载荷是无人机任务的执行单元。地面控制站根据任务要求实现对有效载荷的控制，并通过对有效载荷状态的显示来实现对任务执行情况的监管。

(3)任务规划、飞行器位置监控及航线的地图显示。任务规划主要包括处理战术信息、研究任务区域地图、标定飞行路线及向操作员提供规划数据等。飞行器位置监控及航线的地图显示部分主要便于操作人员实时地监控飞行器和航迹的状态。

(4)导航和目标定位。导航和目标定位可确保无人机在执行任务过程中通过无线数据链路与地面控制站之间保持联系。在遇到特殊情况时，需要地面控制站对其实现导航控制，使飞机按照安全的路线飞行。随着空间技术的发展，传统的惯性导航结合先进的 GPS 导航技术成为无人机系统导航的主流导航技术。目标定位是指飞行器发送给地面的方位角、高度及距离数据需要附加时间标注，以便这些量可与正确的飞行器瞬时位置数据相结合来实现目标位置的最精确计算。为了精确确定目标的位置，必须通过导航技术掌握飞行器的位置，同时，还要确定飞行器至目标的短矢量的角度和距离，因此，目标定位技术和飞行器导航技术之间有着非常紧密的联系。

(5)与其他子系统的通信链路。通信链路用于指挥、控制和分发无人机收集的信息。随着计算机和网络技术的发展，现行的通信链路主要借助局域网来进行数据的共享，这样与其他组织的通信不单纯是在任务结束以后，更重要的是在任务执行期间，通过相关专业的人员对共享数据进行多层次的分析，及时地提出反馈意见，再由现场指挥人员根据这些意见，对预先规划的任务立即做出修改，从而能充分利用很多资源，从战场全局对完成任务提供有力的支持和合理的建议，使得地面站当前的工作更加有效。

2.3.3 地面站对技术的需求

1. 高性能的数据总线

随着无人机技术的不断发展，无人机航空电子系统与地面站系统之间的通信量越来越大，这就要求地面站系统的无线通信、任务处理、图像处理能不断增强，因而采用高带宽、低延迟的总线网络实现各部分之间的互连成为必然趋势。从目前的发展来看，只有传输速度达到或超过 1 000 Mc/s(Gbps)级别的互连总线网络才能满足未来地面控制站发展对总线的需求。鉴于光纤通道(FC)具有高带宽、低延迟、低误码率、灵活的拓扑结构和服务类型、支持多种上层协议和底层传输介质及流控制功能，因此，可采用光纤通道来实现其需求。

2. 可靠的数据链

发展安全、可跨地平线、抗干扰的宽带数据链是无人机的关键技术之一。近年来，射频和激光数据链技术的发展为其奠定了基础。除带宽要增加外，数据链也要求可用和可靠。数据链的可用是指一特定星群的覆盖区域和范围。可靠是指信号的健壮性。对于不可避免的电子干扰，数据链需要采用复杂的信号处理和抗干扰技术(如扩频、调频技术)等，并确保在数据链失效的情况下，飞机能安全返回基地。

无人机地面站技术具有以下发展趋势：

(1)发展通用地面站。最大限度地使用通用的机载设备，避免重复研制，实现地面控制系统的标准化。当前，如何将同一大领域各不同应用方向的无人机综合到一个统一的系统中，为确保各情报侦察系统间能毫无障碍地传输图像和数据，确定一套通用的图像存储与传输的协议，以解决各层次无人机之间的地面站和数据的接口标准问题，是世界各国都在努力研究的方向。

(2)重视一站多机的地面站的设计，包括硬件结构及友好的人机界面。这种地面站的设计可同时操控多架无人机，使用较少的操作员操纵更多的无人机，这样既提高了操作效率，也减少了人力成本。

(3)发展可靠的、干扰小的、宽带宽的数据链路，提高数据传输效率。其涉及的关键技术有数据链路的抗截获、抗干扰的编码、加密、变频、跳频、扩频与解扩技术和图像压缩与传输解压及高速信号处理技术等。

(4)发展人工智能决策技术。该技术涉及无人机的自主程度问题，尤其是针对无人战斗机。这需要一些智能的、基于规则的任务管理软件来驱动安置在无人机上的综合传感器，保证通信连接，完成无人机与操纵人员的交互，使无人机不仅能确保按命令或预编程来完成预定任务、对已知的目标做出反应，还能对随机突现的目标做出相应反应。

(5)发展无人机操控的安全、告警与防错技术。

(6)发展无人机通信中继。地面站与无人机之间的中继用以提高作战半径和地面控制站的安全性。关键技术包括视距中继转发与传输、多通道大容量实时信息中继复合传输、军民共享卫星链路和中继载体与无人机协调问题等技术。

思 考 题

1. 固定翼构型飞行平台系统包括哪些?
2. 多旋翼构型飞行平台系统包括哪些?
3. 简要介绍无人机任务载荷系统。
4. 地面站的典型功能包括哪些?
5. 地面站对技术有哪些需求?

第3章　无人机运行自然环境概述

学习目标

一、知识目标
1. 了解大气特性；
2. 了解大气气象要素；
3. 理解大气的状态参数及方程；
4. 熟悉影响飞行的主要因素。

二、能力目标
熟知无人机运行适宜的自然环境。

三、素养目标
1. 具有发现问题、分析问题和解决问题的能力以及理论联系实际的能力；
2. 具有团队协作能力和吃苦耐劳、诚实守信的优秀品质。

无人机的安全运行非常依赖天气因素，气象知识也是无人机爱好者或无人机专业技术人员必须掌握的基础知识。本章结合飞行实际，全面且系统地介绍了与无人机飞行有关的大气环境结构、气象要素、大气特性与影响飞行的主要气象因素等有关航空气象和天气分析方面的基本内容。

3.1　大气成分组成与特点

大气层又称大气圈，地球就被这一层很厚的大气层包围着，大气层的成分主要有氮气，占 78.1%；氧气，占 20.9%；氩气，占 0.93%；还有少量的二氧化碳、稀有气体（氦气、氖气、氩气、氪气、氙气、氡气）和水蒸气。大气层的空气密度随高度而减小，越高空气越稀薄。大气层的厚度在 1 000 km 以上，但没有明显的界线。整个大气层随高度不同表现出不同的特点，分为对流层、平流层、中间层、热层和散逸层，再上面就是星际空间了。

大气层是因重力而围绕地球的一层混合气体,是地球最外部的气体圈层,包围着海洋和陆地。空气和其他任何流体一样,可以流动,当受到瞬间的压力而由于缺少强的分子凝聚力时,它会改变形状。例如,气体可以完全充满它所处的任何容器,用膨胀或收缩来改变它的形状为容器的界限。

3.1.1 大气成分

大气由约78%的氮气、21%的氧气和1%的其他气体(如氩气或氦气)组成。大部分氧气包处在10 km高度以下。

在大气中,除水汽、液体和固体杂质外的整个混合气体,称为干洁大气。干洁大气的主要成分是氮气、氧气、氩气和二氧化碳,约占大气总体积的99.97%,除此之外,还有少量的氢、氖、氪、氙、臭氧等。剩下的就是水汽、尘埃及其他颗粒。

氮气是大气中最多的气体,按体积分约占大气总体积的78%,按质量分,占到大气总质量的75.52%。

氧气是大气中仅次于氮气的气体,按体积分占到21%,按质量分占到23.15%。

氩气是惰性气体,按体积分占到0.934%,按质量分占到1.28%。

二氧化碳是为大气提供保温功能的重要气体,温室效应也和它有关系,实际上按它的体积才只占到大气总体积的0.033%,质量仅仅是大气总质量的0.05%。

水汽来自江、河、湖、海及潮湿物体表面的水分蒸发和植物的蒸腾。空气中的水汽含量随高度的增加而减少,在1.5~2 km高度上,空气中的水汽含量已减少为地面的一半。

3.1.2 大气层的结构及特点

大气按热力学性质在垂直方向上分为五层,即对流层、平流层、中间层、热层、散逸层(图3-1)。大部分天气现象发生在对流层内,而且无人机飞行的主要范围就是在对流层内,因此,我们主要介绍对流层的相关知识。整个大气层具有相当大的厚度,从垂直方向看,不同高度上的空气性质是不同的,但在水平方向上空气的性质相对一致,即大气表现出一定的层状结构。这一结构可通过对大气进行分层来加以描述。

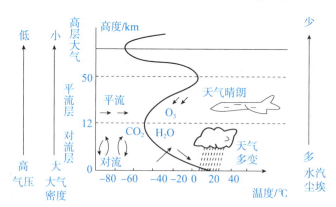

图3-1 大气的垂直分层

3.1.3 对流层

对流层受地面的影响最大,地面附近的空气受热上升,而位于上面的冷空气下沉,这样就发生了对流运动,所以把这层称为对流层。因为集中了整个大气 3/4 的质量和绝大多数的水汽,通过对流和湍流运动,云、雾、雨、雪等主要大气现象都出现在此层,对流层的下界是地面,它的上界因纬度和季节而不同,热带较厚,寒带较薄;夏季较厚,冬季较薄。赤道地区对流层厚度可达 16~18 km,中纬度地区 10~12 km,两极地区 7~8 km。对流层有以下三个主要特征:

(1)气温随高度增加而降低。平均而言,高度每增加 100 m,气温则下降约 0.65 ℃,这称为气温垂直递减率,也称为气温垂直梯度。

(2)有强烈的垂直对流运动和不规则的乱流运动。

(3)气象要素水平分布不均匀,状态变化迅速。

在对流层的最下层称为摩擦层。其范围一般是自地面到 1~2 km 高度,这层空气由于和地面接触摩擦造成的流动状态和其他层空气明显不同而得名,摩擦层以上的大气层称为自由大气。在自由大气中,地球表面的摩擦作用可以忽略不计。在对流层的最上层,介于对流层和平流层之间,还有一个厚度为数百米到 1~2 km 的过渡层,称为对流层顶。

3.1.4 平流层

自对流层顶到 50~55 km 称为平流层。其特点如下:

(1)下半部分温度随高度增加变化不大(因此也称为同温层),而上半部分温度随高度增加得以迅速增高,造成显著的逆温层。这一现象的主要原因是此处含有大量的臭氧,臭氧直接吸收太阳辐射造成升温。

(2)平流层内气流比较平稳,空气的垂直混合作用显著减弱。

(3)平流层中水汽和尘埃含量极少,大多数时间天空是晴朗的,大气透明度好。

3.1.5 中间层

自平流层顶到 85 km 左右称为中间层。气温随高度增加而迅速下降,并有相当强烈的垂直对流运动。造成这一现象的原因是这一层中没有臭氧,太阳光直穿而过没有能量被吸收,中间层的顶部温度降低到 −83 ℃~−113 ℃。由于下热上冷,对流强烈,也被称为上对流层或高空对流层,但是由于空气稀薄,所以,所产生的能量远低于地表的对流层。

3.1.6 热层

热层又称热成层或暖层,位于中间层顶以上,上界到达距离海平面约 800 km,这一层空气只占大气总质量的 0.5%,但温度很高,300 km 高度上就能达到 1 000 ℃的高温。其特点如下:

(1)气温随高度的增加而迅速增高。

(2)在热层中空气处于高度电离状态,其电离的程度是不均匀的。长波通信就是依靠电离状态的气体进行反射传递的。

3.1.7 散逸层

散逸层是大气距离地面最远的一层，最高可达 3 000 km，又称外层，这一层中气温随高度增加很少变化，这里的空气分子也不断地向太空逃逸，此处的空气密度大大降低，是地球和外太空的分界，只是这个分界并不是很明显，甚至在 22 000 km 之外仍然能观测到包裹地球电离的气体。

3.2 大气气象要素

大气状态的物理量和物理现象通称为气象要素。气温、气压、湿度等物理量是气象要素，风、云、降水等天气现象也是气象要素，它们都能在一定程度上反映当时的大气状况。其中，气压、气温和空气湿度也称为三大气象要素。

3.2.1 气压

气压是指大气的压强，是从观测点到大气上界单位面积上垂直空气柱的质量，随着高度的增加，施加在测量点单位面积上的空气柱就越来越短，质量也越来越低，所以，气压就会随着高度的增加而减少，马德堡半球试验证明了大气压力的存在。

一个地方的气压值变化的根本原因是其上空大气柱中空气质量的增加或减少。大气柱质量的增减是大气柱厚度和密度改变的反映。气柱增厚，密度增大，则空气质量增多，气压升高。气压随高度递减的快慢取决于空气密度和重力加速度的变化。一般重力加速度变化很小，故仅取决于空气密度。在水平方向，温度是影响单位气压高度差的主要因素；在垂直方向，气压是影响单位气压高度差的主要因素。气压随着高度的增加按指数规律递减。空气柱质量的变化主要由热力和动力因子引起。

一般来说，往往气压较高的地区是晴好天气，而气压较低的地区是阴雨天气，高气压和低气压是相对的，不是指当地气压的实测绝对值。如果某地区的气压比周围地区的气压高，该地区就称为高气压地区；而某地区的气压比周围地区的气压低，该地区就称为低气压地区。

在同一水平面上，如果气压分布不均匀，空气就要从高气压地区向低气压地区流动，因此某地区的气压高，该地区的空气就在水平方向上向周围地区流出，当地表的空气流出后，高气压地区上方的空气就要下降。由于大气压随高度的减小而增大，所以高处空气下降时，它所受到的压强增大，它的体积减小，气温就会升高，空气中水汽就蒸发消散。所以，高气压中心地区不利于云雨的形成，常常是晴天；反过来，如果某地区的气压低，周围地区的空气就在水平方向上向该地区流入，结果使该地区的空气上升，上升的空气体积因所受的压强减小而膨胀，气体温度降低，空气中的水汽就容易凝结，所以，低气压中心地区常常是阴雨天。

空气运动分为以下三种情况：

(1) 水平气流的辐合和辐散；

(2)不同密度气团的移动；

(3)空气的垂直运动。

热力因子是气压周期性变化的原因，动力因子是气压非周期性运动的原因。辐合、冷平流造成气压升高，辐散、暖平流造成气压下降。

地面气压的日变化有单峰、双峰、三峰形式。双峰最为普遍的特点是一天有一个最高值、一个最低值、一个次高值和一个次低值。即 9～10 时是最高值，15～16 时是最低值，21～22 时是次高值，3～4 时是次低值。陆地的日变化大于海洋，夏季大于冬季，山谷大于平原。纬度越高，日较差越小。气压年变化与纬度、空气下垫面性质（海洋、陆地、冰盖）海拔高度有关，大陆上气压最高值出现在冬季，最低值出现在夏季，由低纬向高纬增大。海洋上最高值出现在夏季，最低值出现在冬季。高山最高值出现在夏季，最低值出现在冬季。

标准海平面气压是大气处于标准状态下的海平面气压，其值为 1 013.25 hPa 或 760 mmHg。海平面气压是经常变化的，而标准海平面气压是一个常数。

由于飞机飞行时经常会采用气压式高度表测量飞机的飞行高度，因此，气压测量的准确与否直接关系到测得的飞行高度的准确性。

气压式高度表是飞机的主要航行仪表，是一个高度灵敏的空盒气压表，但刻度盘上标注的是高度。高度表刻度盘是标准大气压条件下按气压随高度的变化规律而确定的，即气压式高度表所测量的是气压，根据标准大气中气压与高度的关系，就可以表示出高度的高低。

图 3-2 所示的气压式高度表的主要作用就是在不同的大气条件下，把相应的海平面气压修正到标准大气条件下。这样，飞机在机场地面时，高度表应当显示机场海拔高度（场高）。高度表拨正值应当按照由空中交通管制席位的要求或航图要求及时调整。

飞机飞行时测量高度还可采用无线电高度表。无线电高度表所测量的是飞机相对于所飞越地区地表的垂直距离，无线电高度表能不断地指示飞机相对于所飞越地表的高度，并对地形的变化非常敏感，这既是它的优点，也是它的缺点。如果在地形多变的地区上空飞行，飞行员试图按无线电高度表保持规定的飞行高度，飞机航迹将随地形起伏。而且，如果在云上或能见度有限的条件下飞行，将无法判断飞行高度的这种变化是由于飞行条件受破坏造成的，还是由于地形影响引起的。这样就使无线电高度表的使用受到限制。因而，它主要用于校正仪表和在复杂气象条件下着陆使用。图 3-3 所示为飞机上用的无线电高度表。

图 3-2　气压式高度表

图 3-3　无线电高度表

3.2.2　空气湿度

空气湿度是用来度量空气中水汽含量多少或空气干燥潮湿程度的物理量。湿度常用相对湿度来表示。

相对湿度是指空气中的实际水汽压与同温度下的饱和水汽压的百分比。相对湿度的大小直接反映了空气距离水汽饱和状态的程度。空气完全干燥时，相对湿度为零，当相对湿度接近 100% 时，表示空气很潮湿，接近饱和状态。

当空气中水汽含量不变且气压一定时，气温降低到使空气达到水汽饱和时的温度，称为露点温度，简称露点。露点的单位是温度(K 或℃)，但是其数值只与湿空气的含水量有关，而与温度无关。

在气象工作中，人们经常用温度露点差来判断空气的饱和程度，温度露点差是温度与露点的差值。温度露点差也是日常天气分析预报业务中经常用以表示空气干湿程度的一个物理量。气象上，温度表示为 T，露点表示为 T_d，在各层等压面上分析等 $(T-T_d)$ 线，用以表示空气中水汽的饱和程度。

空气的湿度和露点对飞机飞行中的积冰有很大影响。飞机的积冰一般发生在云中温度露点差 <7 ℃ 的范围内，以 0 ℃～5 ℃ 发生积冰最多；强积冰多发生在温度露点差为 0 ℃～4 ℃ 的范围内。

从前面我们已经知道，大气中含有水汽，大气中的水汽含量随时间、地点、高度、天气条件是在不断变化的。空气湿度就是用来度量空气中水汽含量多少或空气干燥潮湿程度的物理量。

相对湿度为常用湿度的表示方法。

相对湿度(RH)定义为空气中的实际水汽压(e)与同温度下的饱和水汽压(E)的百分比，即

$$RH=\frac{e}{E}\times 100\%$$

相对湿度的大小直接反映了空气距离水汽饱和状态的程度。相对湿度越大，说明空气中的水汽越接近饱和。相对湿度的大小取决于两个因素：一个因素是空气中的水汽含量，水汽含量越多，水汽压越大，相对湿度越大；另一个因素是温度，在水汽含量不变的情况下，温度升高，饱和水汽压增大，相对湿度减小。

3.2.3　气温

气温是表示大气冷热程度的物理量，空气冷热的程度，实质上是空气分子平均动能的表现，单位是℃(摄氏温标)或℉(华氏温标)或 K(绝对温标)。当空气获得热量时，其分子运动的平均速度增大，平均动能增加，气温也就升高。气温变化对人们的生活与生产有重要影响，它的高低直接决定一些天气现象的产生和消失，例如，最低气温与霜冻、辐射雾的形成，以及最高气温与雷雨、冰雹的形成都有密切关系。

气温的变化如果是由于空气与外界有热量交换，称为气温的非绝热变化。如果空气和外界没有热量交换称为气温的绝热变化。大气的垂直运动过程可看作绝热运动，水平运动则可以看作非绝热运动。将升、降气块内部既没有发生水相变化，又没有与外界交换热量的过程称作干绝热过程，在干绝热过程中，气块温度的变化唯一取决于气压的变化。干绝

热直减率大约为 1 ℃/(100 m)，而因为大气中含有水分，因此，实际气温直减率平均为 0.65 ℃/(100 m)，气温直减率可大于、小于、等于干绝热直减率。

饱和湿空气在上升过程中，与外界没有热量交换，该过程称为湿绝热过程。湿绝热直减率是气压和温度的函数。某一层是否稳定，实际上就是某一运动的气块相比周围空气是轻是重的问题。比周围空气重，则下降；比周围空气轻，则上升。空气的轻重取决于气压和气温。在气压相同的时候，轻重的问题就是气温的问题。如果一团空气上升时，变得比周围空气冷一些，就重一些，那这一气层就是稳定的；反之就是不稳定的。

单位时间内个别空气质点温度的变化称作空气温度的个别变化，某一固定地点的空气温度随时间的变化称作空气温度的局地变化。由于空气的移动所造成的某地温度的变化称为温度的平流变化。

影响空气温度局地变化的三个因素，即平流运动、铅直运动、非绝热热量交换。暖空气向冷空气流动称为暖平流；冷空气向暖空气流动称为冷平流。温度梯度越大，在温度梯度方向上的风速分量越大，冷、暖平流越强。近地层气温的日变化特征：一日内有一个最高值，一般出现在 14 时，一个最低值，出现在日出前后。地面温度的高低并不直接取决于地面上当时吸收太阳辐射的多少，而是取决于地面储存热量的多少。

一天气温的最高值和最低值之差称为气温日较差。气温日较差与纬度、季节、下垫面的性质、地形、天气状况有关。正午太阳高度角随纬度的增加而减小，所以，气温的日较差随纬度增加而减小。实际气温日较差最大的是副热带。热带为 12 ℃、温带为 8 ℃～9 ℃、极圈为 3 ℃～4 ℃；一般夏季气温日较差大于冬季，一年中气温日较差最大值出现在初夏，最小值出现在冬季。日较差值在凸出地形小于平原、平原小于凹地。陆地上气温日较差大于海洋，而且距海越远，日较差越大；有植被的地区，气温日较差小于裸地。一年中月平均气温的最高值与最低值之差称为气温年较差。气温年较差与纬度、地表性质、地形、天气情况有关。纬度越高，年较差越大。其余特点与日较差一样。气温的日变化是由地球自转引起的太阳高度角变化造成的，气温的年变化是由地球的公转引起的气温周期性变化。

3.2.4 降水

降水是指从云中降落水(包括液态水和固态水)的现象，如雨、雪、冰雹等。降水观测包括降水量的观测和降水强度的观测。降水量是指降到地面尚未蒸发、渗透或流失的降水物在地平面上所积聚的水层深度，以毫米为单位。降水强度是指单位时间内的降水量，常用的单位是 mm/10 min、mm/h、mm/d。测量降水的仪器有雨量器和雨量计等。依据国家气象部门规定，降水划分为 4 类：24 h 内雨量不到 10 mm 的雨为小雨；10.0～24.9 mm 的雨量为中雨；25.0～49.9 mm 的雨量为大雨；达到 50 mm 及 50 mm 以上的雨量为暴雨。

1. 分类

(1)锋面雨。锋面雨是指冷暖气团相遇，锋面(气团交界处)空气缓慢上升(以每一秒移动厘米的速度计算)，在冷气团一侧形成层状的降水。

(2)对流雨。对流雨是指近地面高温潮湿，空气强烈受热，引起空气的对流运动，湿热空气在上升时遇冷成云而形成的降水，对流雨的特点是强度大、历时短、范围小，还常伴有暴风、雷电。

(3)地形雨。地形雨是指暖湿气流在沿地表流动的过程中,遇到地形的阻挡,被迫沿着山坡爬行上升,引起水汽凝结而形成的降水,地形雨一般只发生在山地迎风坡,因为背风坡气流存在下沉现象,温度不断增高,形成雨影区,不易形成地形雨。

(4)气旋雨。气旋雨是指地面气压高于空中,气流逆时针旋转上升,形成气旋,气旋中心附近气流上升,引起水汽凝结而形成降水。常见的有热带气旋和温带气旋带来的降水。

还有一种是反气旋,与气旋相反,空中气压高于地面,气流顺时针下沉。反气旋一般出现在晴朗天气。

2. 图表

图表是注明各种数字并表示各种进度情况的图册和表格的总称,在这里是指根据探测到降水量的时空变化规律,制成的清晰、明朗的图表。目前,常用的图表有降水量柱状图和降水量图。

(1)降水量柱状图。降水量柱状图能直观地反映出当地的降水量,能直观地比较当地各个月份降水的多少,易于绘制,易于观看。

(2)降水量图。降水量图是表示降水量的空间分布、时间变化和变异情况的地图。通常表示年降水量和降水日数、各季降水量占全年总降水量的百分率、降水强度和降水变化率等内容。降水量图主要以等值线和加色层表示,等值线间距并不完全相等。中国年降水量全国图多使用 25～50～100～200～400～600～800～1 000～1 200～1 400～1 600～2 000～2 500～3 000～3 500～4 000(mm)这种序列。色层一般采用以下规则:缺资料为白色,无降水用淡黄色,降水量从小到大由浅色向深色、由淡绿色向深蓝色过渡,最大值用红色系。

受地理位置和气候条件因素的影响,我国的降水具有以下特点:

年降水量地区分布不均,东南部湿润多雨、向西北内陆逐渐递减,广大西北内陆地区(除新疆西北部个别地区)气候干燥,降水很少。根据我国各地降水量分布的特点,全国大致划分为五个不同的类型地带。

(1)十分湿润带。十分湿润带相当于平均年降水量 1 600 mm 以上的地区。其主要包括浙江大部、福建、台湾、广东、江西、湖南山地、广西东部、云南西南和西藏东南隅等地区。

(2)湿润带。湿润带相当于平均年降水量 1 600～800 mm 的地区。其包括沂沭河下游、淮河、秦岭以南广大的长江中下游地区、云南、贵州、广西和四川大部分地区。

(3)过渡带。过渡带通常又称半干旱、半湿润带。相当于平均年降水量 800～400 mm 的地区。其包括黄淮海平原、东北、山西、陕西的大部、甘肃、青海东南部、新疆北部、西部山地、四川西北部和西藏东部地区。

(4)干旱带。干旱带相当于平均年降水量 400～200 mm 的地区。其包括东北西部、内蒙古、宁夏、甘肃大部、青海、新疆西北部和西藏部分地区。

(5)十分干旱带。十分干旱带相当于平均年降水量 200 mm 以下的地区。其包括内蒙古大部、宁夏、甘肃北部地区、青海的柴达木盆地、新疆塔里木盆地、准噶尔盆地及广阔的藏北羌塘地区。

3.2.5 能见度

能见度是反映大气透明度的一个指标,是指视力正常的人在当时大气天气条件下,能够从天空背景中看到和辨出目标物的最大水平距离。单位用 m 或 km 表示。

影响能见度的因子主要有大气透明度、灯光强度和视觉感阈。大气能见度和当时的天气情况密切相关。当出现降雨、雾、霾、沙尘暴等天气过程时，大气透明度较低，因此能见度较差。

能见度与无人机飞行活动有密切关系，能见度低会直接给驾驶员目视操控无人机飞行造成困难，危及飞行安全。气象台预报的能见度通常是 1 km、2 km、4 km、6 km、8 km、10 km 和 10 km 以上几个等级。当能见度在 4 km 以下时就称为复杂气象；当能见度大于 10 km，就是很好的天气状况。

1. 相关术语

(1) 有效能见度。有效能见度是指观测点四周一半以上的视野内都能达到的最大水平距离。判断方法是将各方向能见度不同的区域划分成相应扇区，然后将各扇区按能见度由大到小逐一相加，直到范围刚好超过一半的那个扇区的能见度即为有效能见度。

(2) 主导能见度。主导能见度是指观测点四周一半或以上的视野内能达到的最大水平距离。

(3) 跑道能见度。跑道能见度是指从跑道的一端沿跑道方向可以辨认跑道本身或接近跑道的目标物(夜间为指定的跑道边灯)的最大距离。

(4) 垂直能见度。垂直能见度是指视力正常者垂直向上(或向下)能识别黑色目标物的最大距离。

(5) 最小能见度。最小能见度是指能见度因方向而异时，其中最小的能见距离。

2. 观测方法

测量大气能见度一般可以直接目测，也可以使用大气透射仪、激光能见度自动测量仪等测量仪器测量。目前，能见度的观测以人工目测为主，只是规范性、客观性相对较差。大气透射仪是通过光束透过两固定点之间的大气柱直接测量大气柱透射率，以此来推算能见度的值。激光能见度自动测量仪是通过激光测量大气消光系数的方法来推算能见度。

一般能见度按表 3-1 所示的标准划分。

表 3-1 能见度划分

等级	水平能见度	定性描述
1	能见度 20~30 km	能见度极好，视野清晰
2	能见度 15~25 km	能见度好，视野较清晰
3	能见度 10~20 km	能见度一般
4	能见度 5~15 km	能见度较差，视野不清晰
5	能见度 1~10 km	轻雾，能见度较差，视野不清晰
6	能见度 0.3~1 km	大雾，能见度很差
7	能见度<0.3 km	重雾，能见度极差
8	能见度<0.1 km	浓雾，能见度极差

3.2.6 风

风是由空气流动形成的一种自然现象。风是一个矢量，有风向与风速之分。

风向是指风的来向，一般用 16 个方位或度数来表示，如图 3-4 所示。以度数表示时，由北起按顺时针方向度量，如北风为 0°，东风为 90°，南风为 180°，西风为 270°。

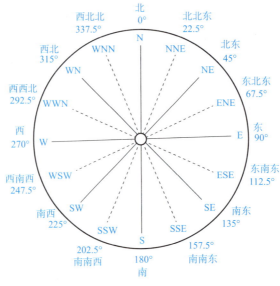

图 3-4 风向方位图

风速是空气在单位时间内移动的水平距离，以米/秒(m/s)为单位。大气中水平风速一般为 1~10 m/s，台风、龙卷风有时达到 10^2 m/s。表 3-2 所示为风力等级表。

表 3-2 风力等级表

风力级数	名称	风速/(m·s^{-1})	风速/(km·h^{-1})	风力级数	名称	风速/(m·s^{-1})	风速/(km·h^{-1})
0	静风	0~0.2	0~0.4	9	烈风	20.8~24.4	40.5~47.5
1	软风	0.3~1.5	0.6~2.9	10	狂风	24.5~28.4	47.5~55.3
2	轻风	1.6~3.3	3~6.4	11	暴风	28.5~32.6	55.5~63.4
3	微风	3.4~5.4	6.5~10.5	12	飓风	32.7~36.9	63.5~71.8
4	和风	5.5~7.9	10.6~15.4	13		37.0~41.4	72~80.5
5	清劲风	8.0~10.7	15.5~20.8	14		41.5~46.1	80.5~89.7
6	强风	10.8~13.8	21~26.8	15		46.2~50.9	89.9~99
7	疾风	13.9~17.1	27~33.3	16		51.0~56.0	99~108.9
8	大风	17.2~20.7	33.5~40.3	17		56.1~61.2	109~119

3.3 大气特性

地球表面有一层厚厚的大气层，由于地球引力的作用，大气被"吸"向地球，虽然空气很轻，但仍有质量，有了质量就产生了力，它作用于物体的效果就是压力。可以说，大气压力是地球引力作用的结果。

实际大气状态是不断变化着的，而飞机的性能和某些仪表（高度表、空速表等）的示度，都与大气状态有关。为了便于比较飞机性能和设计仪表，必须以一定的大气状态为标准。

目前由国际民航组织统一采用的标准海平面大气压力定义为 29.92 in. Hg（气压 1 013.25 hPa），海平面温度为 59 ℉(15 ℃)，海平面空气标准密度为 1.225 0 kg/m³。

大气测量的基本单位为帕斯卡（Pa），此外还有百帕（hPa）、毫巴（mbar）。其换算关系：1 mbar＝1 hPa＝100 Pa。因此，标准海平面大气压力也为 1 013.2 mbar。典型的毫巴压力读数范围为 950～1 040 mbar。恒定压力图表和飓风压力报告是使用毫巴来表示的。

中国国家标准规定的标准大气压，采用海平面温度为 15 ℃，气压为 1 013.25 hPa，密度为 1.225 0 kg/m³；在 11 km 以下，高度每增高 100 m，温度降低 0.65 ℃；在 11～20 km，温度保持为 −56.5 ℃。这样规定的标准大气压，与中国中纬度（北纬 45°）实际大气十分接近。

3.3.1 状态参数及方程

大气的状态参数是指它的压强 p、温度 T 和密度 ρ 三个参数。对一定数量的气体，压强 p、温度 T 和密度 ρ 三个参数就可以决定它的状态。它们之间的关系可以用气体状态方程表示，即

$$pM = \rho RT$$

式中，T 为大气的绝对温度（单位 K），R 为大气气体常数，其值为 287.05 J/(kg·K)，M 为摩尔质量。

大气的状态参数是随飞行高度的变化而变化的，它们不仅对作用在飞机上的空气动力的大小有影响，还对飞机喷气发动机产生的推力大小有很大的影响。

一般来说，气温越高、气压越低、空气密度越小，则机翼产生的升力越小，起飞滑跑的距离越长。例如，空气密度减小 10%，滑跑距离要延长 20%；如果某飞机在 0 ℃时起飞滑跑距离是 1 500 m，而在气温 30 ℃时就需要滑跑 2 000 m。

大气密度对飞机飞行性能的影响也很大，当大气密度大于标准大气密度时，飞机飞行时产生的空气动力会增加，发动机产生的推力也会增大，因此，会使飞机的飞行性能变好，飞机的起飞和着陆距离也会缩短。当大气密度低于标准大气密度时，情况正好相反。因此，在进行起降操作时应充分考虑到大气的状态参数对飞行的影响。

大气物理状态是随其所在地理位置、季节和高度而变化的。为了准确描述飞机的飞行性能，就必须建立一个统一的标准，即标准大气。目前，我国采用的是国际标准大气，它是由国际性组织（如国际民用航空组织、国际标准化组织）颁布的一种"模式大气"。它依据实测资料，用简化方程近似地表示大气温度、密度和压强等参数的平均铅垂分布，并排列成表，形成国际标准大气表，见表 3-3。应当注意，各地的实际大气参数与国际标准大气之间是存在差别的。国际标准大气所得的数据与地球北纬 36°～60°（主要是欧洲）地区的平均数值相近，与我国的情况有一定的差距。

国际标准大气有如下规定：大气被看成完全气体，服从气体的状态方程。在海平面上，大气的标准状态：气温为 15 ℃，压强为一个标准大气压，密度为 1.225 0 kg/m³，声速为 341 m/s。根据这些规定，通过理论计算即可以确定不同高度的大气物理状态参数。

表 3-3　国际标准大气表（部分数据）

高度/m	压力/Pa	气温/K	空气相对密度	空气密度/(kg·m^{-3})	声速/(m·s^{-1})
−1 000	113 937	294.50	1.099 2	1.346 5	345
0	101 325	288.15	1.000 0	1.225 0	341
1 000	89 876	281.65	0.907 3	1.111 7	337
2 000	79 501	275.15	0.821 5	1.006 6	333
3 000	70 121	268.66	0.742 0	0.909 2	329
4 000	61 660	262.17	0.668 5	0.819 4	325
5 000	54 048	255.68	0.600 7	0.736 4	321
6 000	47 217	249.19	0.538 3	0.660 1	317
7 000	41 105	242.70	0.481 0	0.590 0	313
8 000	35 651	236.22	0.428 4	0.525 8	309
9 000	30 800	229.73	0.380 4	0.467 1	304
10 000	26 499	223.25	0.336 6	0.413 5	300
11 000	22 699	216.77	0.296 8	0.364 8	296
12 000	19 339	216.65	0.253 5	0.311 9	296
13 000	16 579	216.65	0.216 5	0.266 6	296
14 000	14 170	216.65	0.184 9	0.227 9	296
15 000	12 111	216.65	0.157 9	0.194 8	296
16 000	10 352	216.65	0.134 9	0.166 5	296
17 000	8 849.7	216.65	0.115 3	0.142 3	296
18 000	7 565.2	216.65	0.098 4	0.121 7	296
19 000	6 467.4	216.65	0.084 1	0.104 0	296
20 000	5 529.3	216.65	0.072 0	0.088 9	296
21 000	4 728.9	217.58	0.061 4	0.075 7	296
22 000	4 047.5	218.57	0.052 3	0.064 5	296
23 000	3 466.8	219.57	0.044 7	0.055 0	297
24 000	2 971.7	220.56	0.038 2	0.046 9	298
25 000	2 549.2	221.55	0.032 6	0.040 1	299
26 000	2 188.3	222.54	0.027 5	0.034 3	299
27 000	1 879.9	223.54	0.023 3	0.029 3	300
28 000	1 616.1	224.53	0.019 8	0.025 1	301
29 000	1 390.4	225.52	0.016 8	0.021 5	301
30 000	1 197.0	226.51	0.014 4	0.018 4	302

3.3.2 大气的连续性

大气是由大量分子组成的,在标准大气状态下,每 1 mm³ 的空间里含有 2.7×10^{16} 个分子,每个分子都有自己的位置、速度和能量。在气体中,分子之间的联系十分微弱,以至于它们的形状仅仅取决于盛装容器的形状(充满该容器),而没有自己固有的外形。当飞行器在这种空气介质中运动时,由于飞行器的外形尺寸远远大于气体分子的自由行程(一个空气分子经一次碰撞后到下一次碰撞前平均走过的距离),故在研究飞行器和大气之间的相对运动时,气体分子之间的距离完全可以忽略不计,即可把气体看成连续的介质。这就是在空气动力学研究中常说的连续性假设。

3.3.3 可压缩性

气体的可压缩性是指当气体的压强改变时其密度和体积改变的性质。不同状态的物质可压缩性也不同。液体对这种变化的反应很小,因此一般认为液体是不可压缩的;而气体对这种变化的反应很大,所以一般来讲气体是可压缩的物质。

当大气流过飞行器表面时,由于飞行器对大气的压缩作用,大气压强会发生变化,密度也会随之发生变化。当气流的速度较小(一般速度小于 100 m/s),压强的变化量较小,其密度的变化也很小,因此,在研究大气低速流动的有关问题时,可以不考虑大气可压缩性的影响。但当大气流动的速度较高时,由于可压缩性的影响,使得大气以超声速流过飞行器表面时与低速流过飞行器表面时有很大的差别。例如,在超声速飞行时,由于飞机对大气的强烈压缩会产生激波,使其的飞行阻力急剧增加(图 3-5),此时就必须要考虑大气的可压缩性。

空气的可压缩性与空气的密度和施加于空气的压力有关。空气的密度越大,则空气越难压缩;施加于空气的压力越大,则空气被压缩的程度也越大。由于空气的密度与声速有某种对应关系,密度大、声速也大,密度小、声速也小。

图 3-5 飞机高速飞行时产生的激波

因此,空气密度可以用声速来衡量。而施加于空气的压力与在空气中运动的物体速度有关,运动速度越大,则施加给空气的压力就越大;速度越小,则施加给空气的压力就越小。

3.3.4 马赫数

在衡量空气的被压缩程度时,可以用物体的运动速度和声速的比值来表示,这个比值称为马赫数(Mach Number),通常以 Ma 来表示,即

$$Ma = v/a$$

式中的 v 表示在一定高度上,飞行器的飞行速度,a 则表示该处的声速。

显然,飞行器的飞行速度越大,Ma 就越大,飞行器前面的空气就压缩得越厉害。因此,马赫数 Ma 的大小可作为判断空气受到压缩程度的指标。

根据马赫数 Ma 的大小,可以把飞行器的飞行速度划分为表 3-4 所示的区域,它们的对应关系见表 3-4。

表 3-4 马赫数与飞行速度的关系

Ma	飞行状态
<0.3	低速飞行
0.3~0.8	亚声速飞行
0.8~1.2	跨声速飞行
1.2~5	超声速飞行
>5	高超声速飞行

3.3.5 黏性

大气的黏性主要是由于气体分子做不规则运动的结果,是空气在流动过程中表现出的一种物理性质。当大气层与层之间的流动速度不同时,相邻大气层之间的分子就会相互侵入,并产生相互牵扯的作用力,这种力就是大气的黏性力,也称为大气的内摩擦力,即大气相邻流动层与层之间出现滑动时产生的摩擦力。

大气流过物体时产生的摩擦阻力是与大气的黏性有关系的。由于空气的黏性很小,物体在空气中低速运动时其摩擦力很小,黏性的作用也不明显。但当飞机在大气中飞行速度较大时,就不得不考虑黏性的作用。尤其是当飞机的飞行速度达到 3 倍声速以上时,由于摩擦力的作用,空气将对飞行器产生严重的气动加热,导致飞行器结构的温度急剧上升,因此,必须采用相应的防热和隔热措施。图 3-6 所示为飞机高速飞行时产生的气动加热现象。

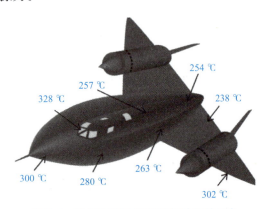

图 3-6 飞机高速飞行时的气动加热现象

3.4 影响飞行的主要因素

直接影响无人机操作和飞行安全的航空气象因素大致可归纳为风、云、降水、浓雾及其他由气象变化导致的严重影响飞行安全的天气现象,如飞机结冰、乱流、雷暴引发的下击暴流、低空风切变、浓雾引起的低能见度等。

3.4.1 地面风

风是由太阳辐射热引起的。太阳光照射在地球表面上,使地表温度升高,地表的空气受热膨胀变轻而往上升。热空气上升后,低温的冷空气横向流入,上升的空气因逐渐冷却变重而降落。由于地表温度较高,因此,又会加热空气使之上升,这种空气的流动就产生了风。图 3-7 所示为由城区和郊区温度不同而形成风的过程。

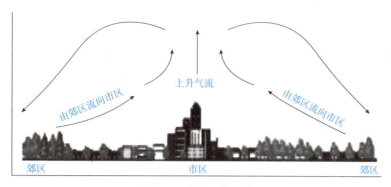

图 3-7 城市风的形成

形成风的直接原因,是水平气压梯度力。而气压的变化,有些是风暴引起的,有些是地表受热不均引起的,有些是在一定的水平区域上,大气分子被迫从气压相对较高的地带流向低气压地带引起的。风受大气环流、地形、水域等不同因素的综合影响,表现形式多种多样,如季风、地方性的海陆风、山谷风、焚风等。图 3-8 所示为由于白天和夜晚温度的不同形成的海陆风。

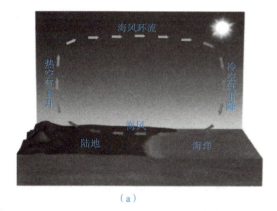
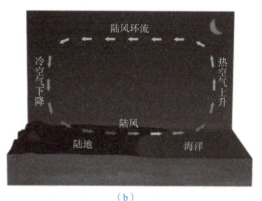

（a） （b）

图 3-8 海陆风形成示意
（a）白天形成海风；（b）夜晚形成陆风

当有地面风时,飞行员和管制员可以根据地面风来选择跑道方向,同时,飞行员也可以根据地面风来计算飞机起飞时可承受的质量。风会影响飞机起飞和着陆时的滑跑距离与时间。

飞机一般都逆风起降,因为逆风能获得较大的升力和阻力,缩短滑跑距离,也可以增加飞机的载重,并增大飞机运动开始时的稳定性和操纵性。着陆时逆风便于修改航向,对准跑道,减少对地的冲击力。

另外,飞机着陆时还需要考虑飞机允许的最大跑道侧风,当超过跑道侧风最大限制时,飞机降落就会有危险。风速的变化会影响飞机起降阶段的稳定性,一般来说,重型飞机受风的变化影响较小,可在较大侧风下起飞;轻型飞机受风的变化影响较大,如果起飞降落阶段碰到阵风时,应及时进行控制。图 3-9 所示为侧风着陆时导致的飞机危险着陆的情况。

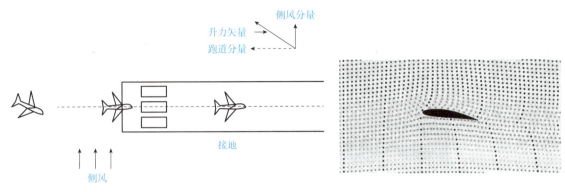

图 3-9 飞机侧风着陆

3.4.2 高空风

高空风是指地面上空各高度的空气水平运动，空气水平运动的大小即风速。在飞机飞行过程中，风速是影响飞机飞行速度和飞行时间的重要因素。例如，飞机在从甲地飞往乙地的过程中，若逆风飞行，其所花费的时间比在静风中飞行时的时间要长，因此，需要携带更多的燃油，这样就要相对减少飞机载重。相反，若顺风飞行，则可节省飞行时间和燃油，即可增大飞机载重。

(1) 经纬仪测风。经纬仪测风有单经纬仪测风和双经纬仪测风两种。单经纬仪只能测出气球的仰角和方位角，气球高度由升速和施放时间推算。气球升速是根据当时空气密度、球皮等附加物质量计算出气球净举力，按照净举力灌充氢气来确定。但由于大气湍流和空气密度随高度变化，以及氢气泄漏等因素的影响，气球升速不均匀导致高度误差大，测风精度低。在配合探空仪观测时，气象站用探空仪测得的温度、气压、湿度资料计算出气球高度。双经纬仪测风是在已知基线长度的两端，架设两架经纬仪同步观测，分别读出气球的仰角、方位角，利用三角法或矢量法计算气球高度和风向风速。经纬仪测风只适用能见度好的少云天气，夜间必须配挂可见光源，阴雨天气只能在可见气球高度内测风。

(2) 无线电经纬仪测风。无线电经纬仪测风系统利用无线电定向原理，跟踪气球携带的探空仪发射机信号，测得角坐标数据，气球高度则由探空资料计算得出。因此，无线电经纬仪适用全天候，但当气球低于其最低工作仰角时，测风精度将迅速降低。

(3) 雷达测风。雷达测风是利用雷达测定飞升的气球位置。它不仅能测定气球的角坐标，而且能测定气球与雷达的距离，即斜距。由仰角、方位角、斜距计算高空风。雷达测风法又可分为一次雷达测风法和二次雷达测风法。前者是利用气球上悬挂的金属反射体反射雷达发射的脉冲信号，测定气球角坐标和斜距；后者利用气球悬挂的发射回答器，当发射回答器受雷达发射的脉冲激励后产生回答信号，由回答信号测定气球角坐标和斜距。显然，在相同的发射功率下，二次雷达比一次雷达探测距离更远，可测更高的高空风。但随着技术的发展，发射功率已不是大的技术障碍时，着眼于提高测风精度和经济效应等方面，一次雷达测风也有其独特优势。

(4) 导航测风。导航测风，是利用奥米伽(Omega)、罗兰-C(Loran-C)等无线电导航信号(利用相位差原理)测定气球等目标物的飞行轨迹，从而测定高空风的一种无线电测风方法。

(5) 卫星测风。从 20 世纪 60 年代开始，气象卫星探测的高空风场为观测站稀少地区提供了资料。

(6) 误差来源。高空风探测误差源于两部分：一是对气球运动的不完全跟踪引起的误差；二是气球的运动与实际大气运动之间的差异造成的误差。气球相对于大气的运动由气流尾流导致产生涡流，这种误差在日常业务观测中并不重要。不完全跟踪引起的误差是高空风探测误差的主要来源。由于定位跟踪设备的不同，因此所引起的探测误差也是不同的。

3.4.3 风切变

风切变是指风速矢量或其分量沿垂直方向或某一水平方向的变化。风切变反映了所研究的两点之间风速和风向的变化。在航空气象学中，低空风切变通常是指近地面 600 m 高度以下的风切变。

低空风切变的形成需要一定的天气背景和环境条件。雷暴、积雨云、龙卷风等天气有较强的对流，能形成强烈的垂直风切变；强下击暴流到达地面后向四周扩散的阵风也能形成强烈的水平风切变。

根据飞机的运动相对于风矢量的不同运动情况，风切变可分为顺风切变、逆风切变、侧风切变和垂直风切变几种情况。低空风切变对飞机的起飞和着陆有很大的影响，严重时甚至可能引发事故。低空风切变对飞机起飞和着陆造成的主要影响有改变飞机航迹、影响飞机稳定性和操作性、使飞机超越跑道降落，甚至造成飞机失速坠毁等。图 3-10 所示为飞机受风切变的影响改变航迹冲出跑道的过程。

(1) 顺风切变：顺着飞机飞行方向顺风增大或逆风减小，以及飞机从逆风区进入无风或顺风区。顺风切变使飞机空速减小，升力下降，飞机下沉，是比较危险的一种低空风切变。此时的修正动作是加油门带杆使飞机增速，减小下降率，回到下滑线上后再稳杆收油门，重新建立下滑姿态。但如果顺风切变的高度很低，操作员来不及修正，将会造成大的偏差。

(2) 逆风切变：顺着飞机飞行方向逆风增大或顺风减小，以及飞机从顺风区进入无风或逆风区。逆风切变使飞机空速增加，升力增加，飞机上升，其飞行危害比顺风切变轻些。此时的修正动作是收油门松杆，使飞机减速，增加下降率，回到下滑线上后再加油门带杆，使飞机重新建立下滑姿态。图 3-11 所示为顺风切边和逆风切边对飞行的影响。

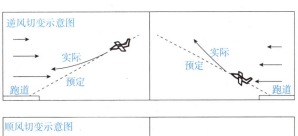

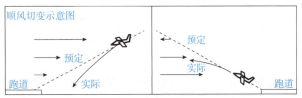

图 3-10 飞机受风切变的影响改变航迹冲出跑道

图 3-11 顺风切边和逆风切边对飞行的影响

(3)侧风切变：飞机从一种侧风或无侧风状态进入另一种明显不同的侧风状态。侧风切变可使飞机发生侧滑、滚转或偏航。此时，操作员应根据飞机状态对飞机进行相应的操纵。

(4)垂直风切变：是指垂直于地表方向上的风速或风向随高度的剧烈变化。强烈的垂直风切变可造成桥梁楼房坍塌、飞机坠毁等恶性事故。当飞机在着陆过程中遇到升降气流时，飞机的升力会发生明显变化，从而使下降率发生变化。垂直风对飞机着陆危害巨大，飞机在雷暴云下进近着陆时常遇到严重的下降气流。对于这种情况，操作员能做的就是复飞，然后寻找机会重新着陆。

3.4.4 湍流

湍流又称紊流，是指内燃机内存在的一种缸内随机的气流运动，除涡流、滚流和挤流外，非定常、有旋的流动。

湍流是自然界普遍存在的流体运动，它只有在流体高速流动（高雷诺数）的情况下才会产生。湍流的基本特征在于其具有随机性质的涡旋结构，以及这些涡旋在流体内部的随机运动。因此，湍流能引起相邻各层流体间动量、能量及浓度等的交换和脉动。

内燃机中可燃混合气的湍流特性对燃烧速度和火焰传播有着十分重要的影响。火花点火式发动机中湍流能促进火焰面附近已燃气体和未燃气体的交换，扩大火焰前锋表面积，从而提高火焰传播速率。在柴油机中湍流可以改善燃油（如壁面附近燃油）与空气的混合。

燃烧过程的影响对不同的燃烧系统和发动机不同的工况，适当的气流运动具有下列作用：

(1)使喷雾在燃烧室内较为均匀地分布，在一定程度上相当于起到增加喷孔数目的作用。在油膜混合型燃烧中，气流运动促进了油膜在燃烧室壁面上的涂布，扩大了油膜的涂布面积和汽化面积，减薄了壁上油膜的厚度。

(2)促进和加速了油与热空气之间及油与热壁之间的传热作用。空气运动能增加它们之间的传热系数，从而缩短对油滴和油蒸汽的加热时间。

(3)促进和加速油滴和油膜的汽化作用，缩短汽化时间。液体单位表面积的汽化速度除与其性质、温度和压力等有关外，还与其表面周围汽化了的分子的去留有关。气流运动能使汽化了的油分子迅速离开液体表面，从而加速汽化过程。

(4)促进和加速油滴与空气之间、油蒸气与空气之间及已燃气体的火焰与未燃混合气之间的互相扩散和渗透作用。

(5)促进和加速油滴与空气之间及油蒸气之间的均匀混合，缩短混合时间。

(6)由于(1)~(5)各点的作用，油分子与氧分子之间增加了接触面积和碰撞概率，缩短了物理滞燃期和化学滞燃期，减少了在滞燃期内的喷油量和参加预混合燃烧的燃料量，扩大并加速了扩散燃烧，减少了后燃。从而增加了平均有效压力，降低了油耗率。同时，使整个燃烧过程的可控性增加。

(7)由于气流运动可以缩短滞燃期，这就可以推迟喷油而不降低经济性，从而可以大大降低 NO_x 的排放量。而 NO_x 排放量常常与经济性和烟度恶化伴生。所以，气流运动帮助解决了车用柴油机达到排放法规所要求的排放水准。

(8)以气缸或燃烧室轴线为旋转轴的有组织的涡流形成了离心力场，这是形成热分层效应的基本条件。

(9)由于上述各点,提高了空气利用率,允许减少过量空气系数,从而使未利用的空气从排气中带走的总热量减少,提高了热效率、平均有效压力和冒烟极限功率。

(10)在达到发动机同样的动力、经济指标下,可以适当降低对供油系统的技术要求。从而有利于供油系统工作的可靠性,并延长其寿命,减少了这一系统的故障。

(11)气流运动使混合气形成均质化,从而使燃烧室内减少或消除混合气局部地区过浓或过稀及局部高温缺氧区。这样减少了高温裂解未燃燃油,最终使排烟减少。所以,组织和适当加强燃烧室内的气流运动是减少排烟、HC 和 CO 的有效措施之一。

气流运动带来的缺点:增加了流动损失和传热损失,降低了充气效率;对进气系统和燃烧室的结构、尺寸及形状等的制造精度要求严格;制造工艺复杂化并增加了制造成本。但是,总的来说,利大于弊。内燃机进气、压缩和燃烧过程中的气流运动是十分复杂的,并且在进程中是多变的,因而,也是研究燃烧过程课题中较难掌握的内容。

3.4.5 能见度

能见度是反映大气透明度的一个指标,航空界定义为具有正常视力的人在当时的天气条件下能够看清楚目标轮廓的最大距离。能见度和当时的天气情况密切相关。当出现降雨、雾、霾、沙尘暴等天气过程时,大气透明度较低,因此能见度较差。测量大气能见度一般可使用目测的方法,也可以使用大气透射仪、激光能见度自动测量仪等测量仪器测试。

浓雾降低了人眼所能看到的距离,飞行员在低能见度情况下,起降时很难看清跑道,因此,对起飞和着陆带来严重的影响。

恶劣的能见度不仅严重威胁飞机起飞着陆的安全,也会给目视飞行造成困难。飞机着陆时,要靠目视跑道标志和跑道灯来定向和判断高度,如果能见度不高,目视有困难,起飞着陆就会有危险。尽管现代机场和飞机都装有先进的导航、着陆设备,但能见度对飞行的影响仍不能低估。

无人机飞行前要密切关注相关的气象数据,航空气象单位所提供的观测和预报数据,要满足无人机飞行的各个阶段(起飞、巡航、执行任务和降落)的需求。

3.4.6 积冰

飞机积冰主要分为冰、雾凇、霜三种。

(1)冰:有明冰、毛冰(半透明混合体)、白冰(颗粒状冰)三种类型。

(2)雾凇:在温度通常低于 −10 ℃的云中飞行时形成的一种白色大颗粒冰晶层,表面粗糙不平,附在飞机表面不牢固,容易被气流吹走。

(3)霜:这是由于水汽凝结产生的白色小冰晶层,振动时容易从飞机表面脱落。霜对机翼空气动力性能有显著影响,当出现在座舱风挡玻璃上时,影响视野,使飞机操纵发生困难。

飞机在含有过冷却水滴的云或雨中飞行时,如果飞机机体的表面温度低于零度,过冷却水滴撞在机体上就会立即冻结累积起来,这种现象称为飞机结冰。飞机结冰程度主要取决于云层温度、液态水含量、水滴直径和云层范围(水平长度与垂直高度)几个气象参数。飞机结冰的温度一般发生在 0 ℃~−20 ℃,尤其在 −2 ℃~−10 ℃结冰的概率最高,如图 3-12 所示。

温度/℃	体积模量/MPa	温度/℃	体积模量/MPa
5	2 080	20	2 170
10	2 110	25	2 210
15	2 140	30	2 230

图 3-12　飞机积冰与温度之间的关系

　　结冰对飞行性能会产生很大影响，严重时会导致坠机事故发生。主要体现：机翼、尾翼前缘结冰会使翼型改变、升力降低，破坏操纵性能(图 3-13)；进气道前缘结冰则会导致进气不畅，影响发动机推力，如果冰层碎裂，冰块吸入发动机还可能打坏发动机(图 3-14)；螺旋桨桨叶结冰会造成螺旋桨转动失去平衡，产生振动和摆动现象；空速管或天线结冰会影响仪表的指示，甚至使无线电及雷达信号失灵；飞机操纵面、刹车及起落架结冰会影响其正常操纵功能。

　　虽然现今飞机本身已有加温系统，可克服上述飞机结冰的问题，但是飞机仍然需要避开结冰区域以防止加温不及时而瞬间结冰，造成危险。

图 3-13　飞机机翼结冰

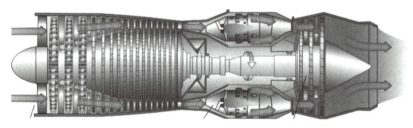

图 3-14　发动机进气道结冰

3.4.7　雷暴

　　雷暴是一种极具危险性的天气现象。雷暴会产生对飞机危害很大的电闪雷击和冰雹袭击；雷暴产生的风切变和湍流会使飞机颠簸、性能降低，强降雨使飞机气动性能变差、发动机熄火。雷暴发生时，闪电还会对地面的导航和通信设备造成干扰与破坏。虽然现在飞机性能、机载设备、地面导航设施都越来越先进，但这只是为尽早发现雷暴、顺利避开雷暴提供了更有利的条件。到目前为止，还不能完全消除雷暴对飞行的影响。图 3-15 所示为在强雷暴天气降落时遭遇雷击而坠毁的飞机。

图 3-15 遭遇雷击而坠毁的飞机

3.4.8 下击暴流

下击暴流是指在雷暴云天气形成的局部性强下沉气流,到达地面后会产生一股直线型大风,越接近地面风速会越大。下击暴流在接近地面时,空气向四方冲泻,当飞机起飞时进入下击暴流区,首先遭遇到下击暴流所带来的强大逆风,空气冲向机翼,飞机相对速度增加,快速爬升;当飞机随后继续通过下击暴流区正下方时,受下击暴流向下的冲击,飞机又急剧下降;最后飞机飞出下击暴流时又转变为强大的顺风,空速减弱,升力大幅度减少,因而造成飞机起飞时坠毁的惨剧。图 3-16 所示为飞机在下击暴流下的飞行轨迹。

图 3-16 飞机在下击暴流下的飞行轨迹

下击暴流对飞机飞行影响很大,是飞机飞行极力避免的灾害性天气之一。

3.4.9 云

云是在飞行中经常碰到的会给飞行活动带来影响的一种气象条件(图 3-17)。其主要影响包括:云中的过冷水滴会使飞机积冰;云中湍流会造成飞机颠簸,云的明暗不均容易使飞行员产生错觉,云中的雷电会损坏飞机,而且云底很低的云会影响飞机的起飞和降落等。

图 3-17 云对飞行的影响

飞机在云中飞行遇到湍流产生颠簸时,会使飞机上下抛掷,左右摇晃,造成操纵困难,仪表不准。颠簸强烈时,即使飞行员全力操纵飞机,仍会暂时失去操纵,当颠簸特别严重时,产生的较大过载可能会造成飞机解体,严重危及飞行安全。

3.4.10 锋面天气

锋面天气主要是指锋面附近的云、降水、风等气象的分布情况。由于锋面是多种气象要素的组合,所以对飞行造成的也是多方面的影响。锋面天气多种多样,有的锋面相对平静温和,有的锋面天气却非常恶劣。所以,在穿越锋面飞行前,应当获取一份完整的天气报告,以便了解可能遇到的天气状况。

1. 气团

气团是指巨大空气团,它的范围通常有数千千米,同时,在水平方向上具有均匀的温度和湿度属性。

气团的分类方法主要有以下三种:

(1)按气团的热力性质不同,划分为冷气团和暖气团;

(2)按气团的湿度特征的差异,划分为干气团和湿气团;

(3)按地理位置分类,常分为北极大陆气团、南极大陆气团、极地大陆气团、极地海洋气团、热带大陆气团、热带海洋气团、赤道海洋气团七类。

气团的物理性质也是会变化的,在气团的移动过程中,暖气团遇冷会变成冷气团,冷气团遇暖也会变成暖气团。当冷暖气团相遇时,就产生了锋。

2. 暖锋天气

暖锋是指暖气团推动锋面向冷气团一侧移动的锋。暖锋过境后,暖气团就占据了原来冷气团的位置。暖锋的锋面坡度小,移动速度慢;云系的分布序列(后面简称云序)依次是卷云、卷层云、高层云、雨层云;连续性降水常出现在锋前,发生在雨层云中;锋下冷气团中水汽充沛,常有层积云、层云和碎积云;若暖气团不稳定,地面锋线附近会出现雷阵雨天气。

暖气团稳定时,云中气流比较平稳,对飞行影响较小,但能见度很差,对飞行产生一定影响;暖气团潮湿不稳定时,在云层之中常形成积雨云;暖锋中也容易产生积冰,而锋两侧的较大温差(可达 5 ℃~10 ℃)使两侧积冰区的高度不同。甚至当地面报告有冰丸时,在较高的高度上就会碰到冻雨。

一般的应对措施是避开暖锋或在云上飞行。

3. 冷锋天气

冷锋是指冷气团推动锋面向暖气团一侧移动的锋。冷锋产生的天气通常取决于它的移动速度。冷锋根据其移动速度可分为急行冷锋和缓行冷锋。

(1)急行冷锋:常沿锋线产生一条狭窄的积雨云带;强对流天气变化迅速,常出现大风。

(2)缓行冷锋:云和降水主要出现在地面锋线后,云序依次是雨层云、高层云、卷层云、卷云,与暖锋相反;若大气不稳定,会产生积雨云。

急行冷锋和缓行冷锋的共同特征是常生成积状云,有强阵性降水和较强的乱流,同时伴有强烈阵风。锋面过境后天气晴好,能见度高。

气团稳定时,在靠近锋面附近可能有轻到中度颠簸、积冰,降水区内能见度较差;气团不稳定时,因有强烈颠簸和严重积冰、雷电甚至冰雹等现象,故不宜飞行。

冷锋与暖锋的比较见表 3-5。

表 3-5 冷锋与暖锋的比较

比较	项目		冷锋	暖锋
相同点	气团位置		冷气团在锋下，暖气团在锋上	
	过境时		都会出现阴天降水等天气现象，降水主要集中在冷气团一侧	
	过境后		多晴朗天气	
不同点	锋面坡度		较大	较小
	雨区范围以及位置		雨区窄，降水主要集中在锋后	雨区宽，降水主要集中在锋前
	天气特征	过境前	暖气团控制，温暖晴朗	冷气团控制，低温晴朗
		过境时	阴天、大风、降温、降雨、降雪	多为连续性降水
		过境后	冷气团控制，气温低，气压高，天气转晴	暖气团控制，气温高，气压低，天气转晴
	天气实例		北方夏季暴雨，冬季寒潮，春季沙尘暴	夏季雨带的北移

4. 准静止锋

准静止锋是指当冷、暖气团势力相当，锋面很少移动时的锋。准静止锋的锋面坡度最小，云层和雨区比暖锋更为宽广；一般出现降水强度小，持续时间长的连阴雨天气，但当暖空气不稳定时，就会出现积雨云和雷阵雨天气。

在准静止锋区域飞行有类似在暖锋区域飞行的特点。在稳定天气形势下，可利用准静止锋进行复杂气象条件的训练飞行。

思 考 题

1. 简述大气成分的组成与特点。
2. 大气气象要素包括哪些？
3. 影响飞行的主要因素有哪些？

第4章　无人机飞行原理

学习目标

一、知识目标
1. 了解低速气流特性；
2. 了解机翼结构及压力分布特性；
3. 理解飞机的升力产生的原理；
4. 理解飞机的阻力产生的原理；
5. 熟知旋翼升力产生的原理。

二、能力目标
1. 能够根据实际要求合理地选择适宜飞行的条件；
2. 能够熟知机翼结构及压力分布特征；
3. 能够熟知影响阻力的因素。

三、素养目标
1. 具有爱岗敬业、谨慎细致、高效务实、团结协作的职业态度；
2. 具有良好的科学文化素质、专业业务素质和科学创新的意识；
3. 养成积极思考问题、自主学习和解决问题的习惯和能力；
4. 具有严谨求实的工作态度，对待工作和学习一丝不苟、精益求精的精神。

要了解无人机在空中的飞行原理，首先就要对相应的知识有所认知，如流动的空气形成气流；气流与物体的相对运动形成相对气流；相对气流的大小和物体（飞机）运动速度的大小相等，方向相反；低速气流流动时，同一流管内，流经任意一个截面的质量相等，且流速快的地方，截面面积小，压力变小，流速慢的地方，截面面积大，压力变大；迎角是相对气流与翼弦之间的夹角；升力是相对气流流过机翼表面时，由于机翼上下表面气流的流速不一样而产生的；阻力是伴随着升力而产生的阻碍飞机前进的力，产生的原因是由于空气具有黏性，阻力有摩擦阻力、干扰阻力、压差阻力和诱导阻力。诱导阻力能够产生升力，其他三个阻力是废阻力。本章概括地对无人机的飞行原理进行了介绍。

4.1 低速气流特性

4.1.1 相对运动原理

1. 气流的定义

流动着的空气称为气流。空气相对飞机的运动称为相对气流。相对气流的方向与飞机运动的方向相反,如图4-1所示。只要相对气流速度相同,产生的空气动力也就相等。将飞机的飞行转换为空气的流动,使空气动力问题的研究大大简化。

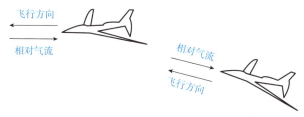

图4-1 飞机的飞行方向与相对气流的方向

作用在飞机上的空气动力取决于飞机与空气之间的相对运动情况。飞机以速度V在平静的空气中飞行时,作用在飞机上的空气动力与空气以速度V流过静止不动的飞机时所产生的空气动力完全相同。

2. 相对气流与飞行速度之间的关系

无人机在飞行过程中,相对气流速度的大小与飞行速度相等,方向相反。例如,飞机以600 m/s的速度平飞[图4-2(a)],相对气流就以600 m/s的速度流向飞机(速度的大小相等而方向相反)。飞机如保持同样的速度上升[图4-2(b)],速度的大小虽然未变,但方向改变了,因而相对气流的方向随之改变(仍与飞行速度方向相反)。飞机以同样的速度下降[图4-2(c)],则相对气流的方向也随之改变(仍与飞行速度方向相反),而速度的大小相等。可见,只要知道飞机飞行速度的大小和方向,相对气流速度的大小和方向也就确定了。

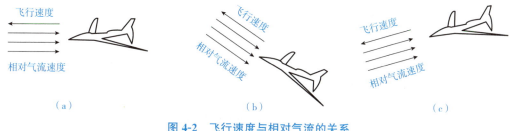

图4-2 飞行速度与相对气流的关系
(a)平飞;(b)上升;(c)下降

4.1.2 连续性原理与方程

1. 连续性原理

在日常生活中,我们见到:河水在河道窄的地方流得快,在河道宽的地方流得慢;山谷里的风比开阔地带的风大,穿堂风比院子里的风大等。人们从上述的种种事例中总结出了一条重要原理:无论是水还是低速流动的空气,在它们流动的时候,总是在窄的地方流得快,宽的地方流得慢。确切地说,在流管切面面积小的地方流速大,在流管切面面积大的地方流速小。流速之所以随流管切面面积的变化而变化,可以用流体的连续性原理来解释。

连续性原理是研究流体流经不同截面的通道时流速与通道截面面积大小的关系(图4-3)。这是描述流体流速与截面关系的定理。当流体连续不断而稳定地流过一个粗细不等的管子,由于管中任何一部分的流体都不能中断或挤压起来,因此在同一时间内,流入截面Ⅰ的流体质量和流出截面Ⅱ的流体质量应该相等。可见,连续性原理实质上就是物质不灭定律在流体中的具体应用。

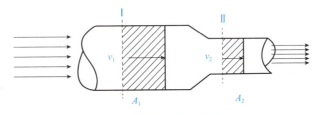

图 4-3 流体连续性原理示意

根据这个原理,既然流过管子不同切面的流体质量是相等的,因此,如果流体的密度保持不变,则必然在管子细的地方流得快,管子粗的地方流得慢。

2. 连续性方程

连续性原理中各个物理量之间的关系还可用数学式表达出来。空气在一条粗细不等的管内流动,在单位时间内,流过管子任意一个截面的空气质量(m),应等于单位时间内流过该截面的空气体积与空气密度(ρ)的乘积。而空气体积等于流过该截面的气流速度(v)乘以该截面的面积(A)。于是,单位时间内流过该截面的空气质量,就等于空气密度、气流速度和流管截面面积的乘积。即

$$m = \rho v A$$

式中 m——单位时间内流过任意一截面的空气质量(kg/s);

ρ——空气密度(kg/m³);

v——经过所取截面的气流速度(m/s);

A——所取截面的面积(m²)。

根据连续性原理,空气流过管子任意两截面的流量应该相等,即

$$\rho_1 v_1 A_1 = \rho_2 v_2 A_2$$

$$\rho v A = m (常量)$$

上式称为流体的连续性方程,从上式中可以看出,气流速度的大小是由截面面积和密

度两个因素决定的。试验证明,在低速流动的情况下,空气密度的变化量很小。例如,在海平面高度上,飞行速度为 250 km/h 时,流速增大 1%,密度仅减小 0.04%。因此,在低速流动的条件下,通常认为密度不变,流速只与流管截面面积有关。即低速气流中的流速与流管截面面积成反比:流管截面面积缩小,流速增大;流管截面面积扩大,流速减小。这样处理可以使问题简化,计算方便,由此带来的误差很小,可忽略不计。但是,当飞行速度增大,进入高速飞行时,由流速的变化而引起的密度变化量就越来越显著,不能再认为密度不变。因此,研究高速流动问题时,必须考虑密度的变化。即流速的大小,既与流管截面面积有关,还与密度有关。

3. 流体力学

流体力学为力学的一个分支,主要研究流体在各种力的作用下,流体本身的静止状态和运动状态及流体和固体界壁间有相对运动时的相互作用与流动规律。流体力学在航空器设计领域具有重要的地位,无论是何种结构的飞行器均需要考虑气动力学方面的问题。此外,流体力学由于理论基础广阔,还被分出许多分支,流体力学的主要内容包括连续性假设、质量守恒、动量定理、能量守恒等。

4. 质量守恒

质量守恒的目的是建立描述流体运动的方程组。欧拉法可描述为流进绝对坐标系中任何闭合曲面内的质量等于从这个曲面流出的质量,这是一个积分方程组,化为微分方程组就是密度和速度的乘积的散度等于零。

5. 能量守恒

单位时间内体积力对流体微团做的功加上表面力和流体微团变形速度的乘积等于单位时间内流体微团的内能增量加上流体微团的动能增量。

6. 动量定理

经典力学包括流体力学,因此,动量定理也适用微体流元。

4.1.3 伯努利定理

从日常生活中的许多事例可以观察到气流速度增大时,空气压力会减小;气流速度减小时,空气压力会增大。例如,向两纸片间吹气(图 4-4),两纸片不是彼此离开,而是互相靠拢。就是因为吹气时,两纸片中间的气流速度增大,压力减小,造成两纸片中间的空气压力小于纸片外侧的大气压力,两纸片便在压力差的作用下靠拢。压力和流速的关系,还可用图 4-5 所示的风洞试验来说明。空气静止时,与试验管道各切面相连通的玻璃管内的水柱高度一样,说明各切面的空气压力相等,都等于大气压力。当在试验管右端抽吸空气时,空气就会在管道内从左向右稳定地流过。仔细观察各玻璃管水柱高度的变化,可以发现,各玻璃管水柱高度普遍上升,而且上升的高度各不同。在管径细的地方,水柱上升得更高一些,说明这里的流速较快,空气压力较小。相反,在管径粗的地方,流速慢,水柱上升得不多,说明这里的空气压力要大一些。

当空气遇上任何物体时,如机翼,空气会产生偏转,一些空气从机翼上表面通过,一些空气从机翼下表面通过。此时,空气在流动过程中会产生复杂的速度和压力的变化。要产生升力,上下表面的平均压力必须有差异才可以。

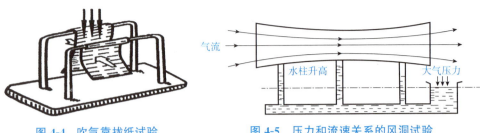

图 4-4　吹气靠拢纸试验　　　　图 4-5　压力和流速关系的风洞试验

伯努利的理论将流动的速度和流动中任意一点的压力联系起来。这个理论是运动和能量定律的一个特殊应用。对于管道类和轮船周围的流动来说，它是一个最基础的理论，对于空气动力学和飞行来说也是一样。

想象一个平滑流动或流线型流动里面的空气微团，如果各个方向对它施加的压力都相等，那么它就处于平衡状态。如果有任何不同的压力，这个微团的平衡就会被打破，根据牛顿第二运动定律，微团要么加速要么减速。如果后部的压力大于前部的压力，速度会增加；反之，如果后面的压力小于前面的压力，速度则会减小。因此，当微团接近一个低压区时会加速，接近高压区时会减速。我们可以用另一种方法来描述这件事情，即如果流体速度降低，其压力必然升高。微团并不是孤立的，而是某个流动中的一部分，这个规律是适用每个微团的。因此，流动在接近低压或高压区时会分别加速或减速。这个原理的简单的数学表达就是伯努利定理。

试验结果表明，当流体稳定地流过一条管道时，流速快的地方，压力小；流速慢的地方，压力大。流体压力随流速而变化的这一关系是瑞士科学家丹尼尔·伯努利于1736年首先提出。因此，这一关系常称为伯努利定理。

为什么流速快的地方压力小，流速慢的地方压力大？气体压力之所以随气流速度而变化，从本质上说，是由于气流内部能量互相转化的结果。流动的空气具有动能、压力能和内能三种能量。其中，内能就是热能，即分子无规则运动的动能，它是由空气温度决定的。在低速气流中，不但空气密度变化量很小，而且空气温度的变化量也是很小的。因此，可以认为在低速气流中空气温度保持不变，即内能保持不变。这样，在低速气流中，参与转换的能量只有动能和压力能两种。

一定质量的空气，具有一定的压力，能推动其他部分的空气或物体而做功。例如，用冷气压力装置应急放下起落装置或襟翼，就是高压气体推动收放作动筒活塞而做功的结果。可见，空气因有压力而具有的一种能量，故称为压力能。空气压力越大，压力能也越大。

所谓动能，就是空气流动所具有的能量。例如，风能推动帆船前进，就是空气动能作用的结果。空气的动能与气流速度(v)和空气密度(ρ)有关。流速越大或密度越大，则空气动能越大。根据能量守恒和转换定律可知，当气流稳定地流过一条管道时，如果没有外来的能量加入，也没有能量的损失，则动能和压力能的总和不会改变，只是动能可以转化为压力能，压力能也可以转化为动能。即

$$动能＋压力能＝常量$$

可见，动能增大了，压力能必然减小；动能减小了，压力能必然增大。这就说明了为什么流速加快，压力降低，而流速减慢则压力升高的道理。因此，伯努利定理实质上就是

能量守恒和转换定律在流体运动中的具体运用。

4.1.4 伯努利方程

伯努利定理用能量的观点来解释压力随流速的变化关系时，用的是压力能和动能的概念。但是，在飞行原理中，往往用静压和动压的概念。静压与动压之和，称为气流的全压。因此，描述气流流动过程中能量的变化关系即压力（压力能）和流速（动能）的关系，通常用静压（静压力）、动压（动压力）和全压来表示。

（1）静压（静压力）。空气垂直作用于物体表面的压力是静压力，简称静压，用 p 表示。

（2）动压（动压力）。流动的空气受到物体阻挡时，流速（动能）降低，而静压增大。逆风前进之所以感到很大压力，就是这个原因。既然空气在流速降低时，静压会增大，所以常把空气在流速降低到零时，静压所能增加的数量，称为动压力，简称动压，用 q 表示。试验和理论分析证明，动压的大小与空气密度（ρ）和气流速度（v）两个因素有关，其数值为 $\frac{1}{2}\rho v^2$，即 $q=\frac{1}{2}\rho v^2$。

（3）全压。在流动的空气中，空气流过任何一点时所具有的静压与动压之和，称为空气在该点的全压，用 p_0 表示。飞机飞行时，相对气流中空气的全压，就等于当时飞行高度上的大气压力加上相对气流中飞机前方的空气所具有的动压。

由于稳定气流中，压力能与动能之和等于一个常量，因此，气流的静压与动压之和（全压）也应等于一个常量。即

$$静压 + 动压 = 全压（常量）$$

$$p + \frac{1}{2}\rho v^2 = p_0（常量）$$

式中　　p——静压；

$q = \frac{1}{2}\rho v^2$——动压；

p_0——全压。

上述数学表达式称为低速流动的伯努利方程。方程中的静压（p）可以认为是单位体积内空气所具有的压力能，动压是单位体积内空气所具有的动能，而全压（p_0）是单位体积内空气所具有的压力能与动能的总和。可见，在全压一定的条件下，当气流速度加快时，动压增大，静压必然减小，而气流速度减慢时，动压减小，静压必然增大。

这里应注意，在飞行中，相对气流中的全压等于飞机所在高度上的大气压力加上相对气流的动压。当保持飞行高度不变时（如平飞），静压不变（该高度上的大气压力），如果飞行速度增大，则相对气流的动压增大，全压也随之增大。因此，伯努利方程中的全压（p_0）应等于一个新的常量。

4.2　机翼结构及压力分布特性

升力和阻力是飞机与空气作相对运动而产生的，因此，研究空气流经机翼的压力变化

情况,探究升力与阻力产生的本源,需要理解机翼的结构特点及空气与机翼的相互关系。

4.2.1 翼型与平面形状

1. 翼型和参数

(1)翼型。

①平面形状。机翼的平面形状常见的有矩形翼、梯形翼、后掠翼和三角翼等。图4-6列出了几种主要平面形状。无人驾驶飞机一般采用矩形翼和梯形翼,高速飞机一般采用后掠翼和三角翼。

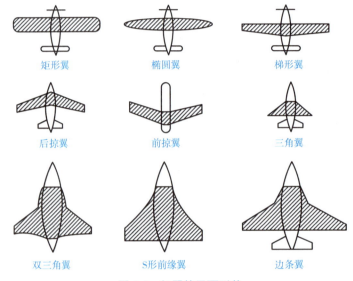

图4-6 机翼的平面形状

②切面形状。机翼的切面形状,通常称为翼型。无人驾驶飞机常用的翼型有平凸形、双凸形和对称形,如图4-7所示。

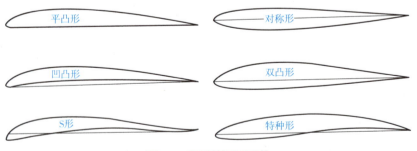

图4-7 机翼的平面形状

(2)翼型参数。用来表明翼型特点的数据,称为翼型的参数,如图4-8所示。常用参数有弦长、相对厚度和相对弯度等。

①弦长。翼型最前端的一点称为机翼前缘,最后端的一点称为机翼后缘。连接翼型前缘到后缘的连线称为弦线,弦线的长度称为弦长(b)。

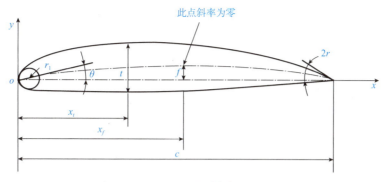

图 4-8 翼型参数

②相对厚度。翼弦垂直线与翼型上下翼面交点之间的距离称为翼型的厚度。厚度的最大值称为翼型最大厚度（C_{max}）。翼型最大厚度（C_{max}）与弦长 b 的比值 $C_{max}/b \times 100\%$ 为相对厚度。

$$C = C_{max}/b \times 100\%$$

相对厚度的大小表示翼型的厚薄程度。相对厚度大，表示翼型厚；相对厚度小，表示翼型薄。

③翼型中弧线长。在翼型上下弧线之间，沿翼弦作垂线，连接这些垂线的中点所组成的弧线称为翼型中弧线，其长度为翼型中弧线长。

④最大弯度。最大弯度是翼型中弧线到弦线之间的最大距离，用 f_{max} 表示。

⑤相对弯度。相对弯度 f 是最大弯度 f_{max} 与翼型弦长 b 的比值 f_{max}/b。

$$f = f_{max}/b \times 100\%$$

相对弯度的大小表示翼型的弯曲程度。相对弯度大，表示翼型的弯曲程度大；相对弯度小，表示翼型的弯曲程度小。

⑥前缘半径。翼型前缘的外形多为圆弧形，圆弧的半径称为翼型的前缘半径。前缘半径的大小表示翼型前缘的尖钝程度。前缘半径越大，说明翼型前缘越钝；反之，越尖。

2. 机翼平面形状参数

表示机翼平面形状的参数如下：

(1)机翼面积。机翼在水平面内的投影面积称为机翼面积。

(2)根尖比。根尖比是机翼的翼根翼弦与翼尖翼弦的比值。

(3)翼展。机翼左右翼尖之间的距离称为翼展（图 4-9）。

(4)机翼的几何平均翼弦。机翼的投影面积与翼展的比值称为机翼的几何平均翼弦。

(5)展弦比。机翼的翼展与平均翼弦的比值称为展弦比。展弦比的大小表示机翼平面形状长短和宽窄程度。展弦比小，机翼短而宽；展弦比大，机翼窄而长。

(6)后掠角。后掠角表示机翼向后倾斜的程度，是机翼上有代表性的等百分比弦线同垂直于对称面的轴线之间的夹角，如图 4-10 所示。

运输机机翼的后掠角一般是 30°左右；跨声速飞机的后掠角为 35°~45°；飞行 Ma 为 2 的超声速前缘机翼的后掠角是 60°左右；双三角的前缘后掠角内翼为 70°~80°，外翼为 60°左右；边条翼的内翼前缘后掠角为 70°~80°，外翼则为 30°~40°。

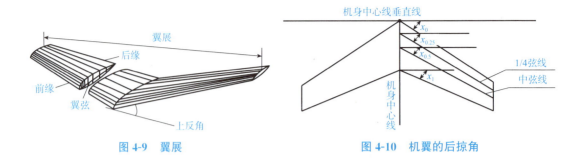

图 4-9　翼展　　　　　　　　　　　　图 4-10　机翼的后掠角

4.2.2　机翼压力分布

为了便于飞行后有针对性地检查飞机表面的受力情况，特别是机翼表面蒙皮有无损伤和变形，铆钉和螺钉有无松动、脱落等，需要弄清楚机翼表面各点的受力大小。

机翼表面各点的受力情况，即机翼的压力分布，可以从机翼的流线谱分析得出。首先分析大迎角下的机翼流线谱。当空气以大迎角流过机翼时，机翼上表面流管变得很细，而前部某处流管最细，下表面流管变得比前方的还要粗，靠近前缘下表面某处的流管最粗。根据气流的连续性原理和伯努利定理，上表面的流速加快，压力减小，前部流管最细处的流速最快，压力最小；而下表面的流速减慢，压力增大，前缘流管最粗处的流速减慢到等于零，压力增加到最大（数值上等于相对气流的全压）。

同样，我们可以从小迎角下的机翼流线谱分析得出小迎角机翼的压力分布。与大迎角相比，不同的是机翼下表面的压力也要减小，而压力增大的地方仅在前缘附近。

机翼的压力分布还可由风洞试验加以证实。图 4-11 所示为测定机翼表面各点压力的风洞试验装置。在机翼上下表面各钻一些小孔，用橡皮管分别连到排管压力计上，压力计内灌注了液体并使液面到达 0—0 线位置。当气流流过机翼时，可以看出各玻璃管内液柱高度发生了变化。在大迎角的情况下，与机翼上表面连接的各玻璃管内液柱都被吸至 0—0 线以上，表示上表面各点的压力普遍降低到小于大气压力，而与机翼下表面连接的各玻璃管内液柱都被压至 0—0 线以下，表示下表面各点压力普遍提高到大于大气压力。

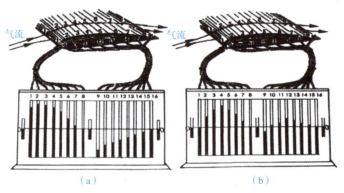

图 4-11　测定机翼表面各点压力的风洞试验装置
(a)大迎角；(b)小迎角

从试验还可以看到,当迎角由大迎角变为小迎角时,可以发现与机翼上下表面连接的玻璃管内液柱都被吸至0—0线以上,表示上下表面各点的压力都小于大气压力,只是在靠近前缘几个点的压力比大气压力要大。

为了形象地说明机翼表面各点的压力大小,可用矢量表示法画出机翼的压力分布图(图4-12)。将测出的翼面各点的压力与大气压力之差用矢量画在翼面的垂直线上,凡是比大气压力低的(叫作负压力或简称吸力),箭头方向朝外,凡是比大气压力高的(叫作正压力或简称压力),箭头方向指向机翼表面。再将各个矢量的外端用平滑的曲线连接起来,即用矢量表示的压力分布图。图4-12(a)所示为小迎角下的压力分布图,图4-12(b)所示为大迎角下的压力分布图。

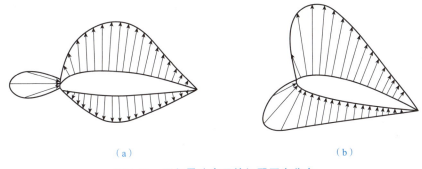

(a)   (b)

图 4-12 用矢量法表示的机翼压力分布
(a)小迎角;(b)大迎角

从压力分布图(图4-12)中可以看出,大迎角时,机翼上表面是吸力区,下表面是正压力区;小迎角时,上表面和下表面都是吸力区,前缘附近是正压力区。从压力分布图上还可以看出,上表面压力最低(吸力最大)的一点,称为最低压力点。在前缘处,流速为零,即压力最高(等于相对气流全压)的一点,称为驻点。

利用压力分布图可以分析机翼蒙皮的受力情况。因为在飞行中,机翼内部的空气压力基本上等于飞机所在高度的大气压力,因此,机翼蒙皮所受的力就是机翼内外压力差,实际上等于吸力或正压力。可见,压力分布图上画出吸力的地方,表示蒙皮外面的压力小于蒙皮内部的压力,蒙皮承受向外吸的力。压力分布图上画出正压力的地方,表示蒙皮外面的压力大于蒙皮内的压力,蒙皮承受向内压的力。吸力和正压力越大的地方,即蒙皮内外压力差越大的地方,蒙皮受力也就越厉害。

在飞行中,机翼蒙皮承受着很大的吸力和正压力(特别是吸力),在这种情况下,有可能呈现蒙皮变形、铆钉松动或脱落现象。因此,在飞机维修工作中,要经常注意检查这些受力大的部位。

用中小迎角飞行时,机翼上下表面承受吸力,特别是上表面中部靠前的地方吸力最大。用大迎角飞行时,机翼上表面吸力加大,而且最大吸力在机翼前部,而下表面承受较大的正压力,正压力最大的地方在前缘处。此外,如果飞行高度越低(空气密度越大),或飞行速度越大时,机翼蒙皮和铆钉受力越大。根据以上分析可以看出,飞行后应注意检查机翼上下表面中部靠前地方的蒙皮和铆钉,特别是机翼上表面前部蒙皮和铆钉,查看是否有铆钉松动、蒙皮皱起等现象。

4.3 飞机的升力

支托飞机飞行的升力绝大部分是由机翼产生的,飞机其他部分产生的升力很小。因此,可以认为机翼产生的升力就是飞机的升力。

4.3.1 升力的产生

机翼之所以能够产生升力,应从产生升力的现象着手。如图 4-13 所示,观察空气流过机翼的现象,机翼四周的流管出现了变形。现在就从流管的变形情况着手来分析升力是如何产生的。从大迎角下机翼的流线谱可以看出,空气流到机翼前缘,分成上、下两股,分别沿机翼上、下表面流过,而在机翼后缘重新汇合向后流去。在机翼上表面,因上表面凸起的影响,流管比流经机翼前变细,气流的流速加快,机翼上表面的压力降低。在机翼下表面,气流受到阻挡作用,气流的流管变粗,流速减慢,压力增大。这样,在机翼上、下表面就出现了压力差,垂直于飞行速度方向的压力差的总和就形成升力(用 L 表示)。

图 4-13 升力的产生

机翼升力(L)的着力点,即升力作用线与翼弦的交点,称为机翼的压力中心。

由此可知,升力之所以产生是由于机翼上、下表面出现了压力差。而上、下压力差是由上、下表面的流管不对称引起的,因此,只要上、下表面流管不对称(上表面的流管比下表面的流管细)就会产生升力。如双凸形机翼,即使是零迎角,由于上表面比下表面凸起较多,上、下表面流管就不对称,即上表面流管更细一些,因此,上表面压力比下表面要小,产生上、下压力差,而形成升力。又如,对称型机翼,只要迎角不为零,上、下表面流管也不对称,同样会形成升力。这就告诉了我们一条分析升力产生的思路,即上、下表面流管的粗细不同引起上、下表面的流速产生差异,而上、下表面流速的差异又引起机翼上、下表面的压力差,从而形成升力。

4.3.2 升力公式

升力可用一个数学公式来表达。这个公式称为升力公式,即

$$L = \frac{1}{2} C_y \rho V S$$

式中 L——机翼升力(kg);

ρ——空气密度(kg/m³);
V——飞行速度(m/s);
S——机翼面积(m²);
C_y——机翼升力系数。

从上式中可以看出,在飞行速度、空气密度一定的情况下,对某一架飞机来说,要增大升力,只有增大升力系数;而升力系数的增大必须用增大迎角或改变机翼截面形状的方法才能达到。

4.3.3 影响升力的因素

1. 机翼面积对升力的影响

在其他因素不变的条件下,机翼面积的变化虽然不会引起流线谱和压力分布的改变,但它使产生机翼上、下表面压力差的面积发生变化,从而影响升力。机翼面积大,产生上下压力差的地方多,即上、下压力差的总和大,所以,升力也大。升力是与机翼面积成正比变化的。

2. 翼型对升力的影响

翼型不同,机翼流线谱和压力分布也不同,因而升力大小也不同。例如,平凸形和双凸形相比(图4-14),平凸形机翼上下表面的弯曲程度相差较大,使上、下表面流管粗细的差别变大,所以,在其他因素相同的条件下,平凸形机翼的升力比双凸形机翼的更大。

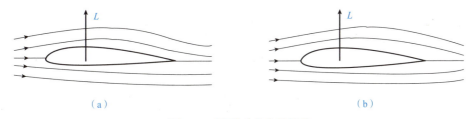

图 4-14 翼型对升力的影响
(a)平凸形;(b)双凸形

在机翼迎角保持不变的条件下,放下襟翼,相当于改变了这一部分机翼的翼型,使其相对弯度增大(图4-15)。这样,空气流过机翼上表面,流速加快,压力降低,而流过机翼下表面,流速减慢,压力提高。因而,机翼上、下压力差增大,从而提高了升力。襟翼放下的角度越大,升力增大得越多。另外,放下襟翼,不仅增大了翼型的相对弯度,还增大了机翼面积,故升力增大得更多。

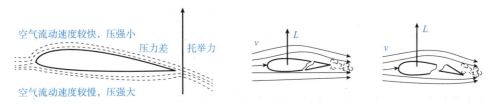

图 4-15 襟翼增加升力的原理

3. 空气密度对升力的影响

空气密度和飞行速度不同，即相对气流的动压不同时，在低速的条件下，虽然流线谱基本上不改变，但它直接影响机翼各处压力的变化，从而影响升力。

空气密度大时，说明空气分子比较稠密，作用在机翼上表面的吸力和下表面的正压力都增大，机翼上、下压力差增大，则升力增大。升力与空气密度成正比。空气密度的大小与飞行高度和气温两个因素有关。飞行高度低或气温低，空气密度就大，升力也就大；反之，升力减小。

4. 相对气流速度对升力的影响

相对气流速度取决于飞行速度。飞行速度增大，即相对气流速度增大，机翼上表面的气流速度比下表面的气流速度增大得更多。于是，上表面压力比下表面压力减小得更多，上、下压力差增大，升力随之增大。试验证明，升力与飞行速度的平方成正比。

空气密度和飞行速度对升力的影响，综合起来，就是气流动压对升力的影响。气流的动压越大，产生的升力也越大，即升力与相对气流中的动压成正比。

5. 迎角对升力的影响

迎角不同，机翼流线谱也不同，从而影响升力的大小也发生变化。图 4-16 表明在不同正迎角下，机翼的流线谱和压力分布的变化情况。从图 4-16 中可以看出，在一定迎角范围内，增大迎角，升力增大。这是因为随着迎角的增大，机翼上表面前部，流线更为弯曲，流管更为收缩，于是流速加快，压力降低，吸力增大。与此同时，气流受下表面的阻挡作用更强，流速减慢，压力提高。于是，机翼上、下表面压力差增大，所以升力增大。当迎角增大到某一迎角时，机翼上表面前部流管变得最细，流速最快，吸力最大；下表面流管变得更粗，流速更慢，正压力更大。机翼上、下表面压力差增加到最大，所以升力最大。超过这一迎角，迎角再继续增加，升力反而减小。其原因主要是机翼上表面的涡流区扩大，以致在上表面前部流管扩张，吸力降低所致。

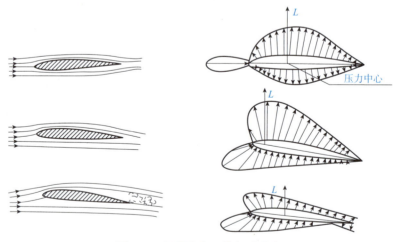

图 4-16　不同迎角下的机翼升力

由上述可知，迎角增大，上表面前段的流管变细，使升力增大，但同时，在机翼上表面的后部，涡流区扩大，破坏了空气的平顺流动，从而使升力减小。这是矛盾的两个方面，并且它们在不同迎角范围内，对升力的影响是不同的。

在小迎角下，涡流区只占机翼后部很小的一段范围，对机翼压力分布影响不大。虽然迎角增大时，气流分离点逐渐前移，而使涡流区逐渐扩大，但是这对机翼表面空气的平顺流动还影响不大，增大迎角，上表面流管变细的作用是主要的，升力依旧随迎角的增大而继续升高。

超过某一迎角后，迎角再增大，由于气流分离点迅速前移，涡流区迅速扩大，破坏了空气的平顺流动，使机翼上表面的前段流管反而变粗，流速减慢，吸力降低。因为升力主要是由上表面前段的吸力产生的，现在这个地方的吸力降低了，所以升力减小。

在飞行速度等其他条件相同的情况下，得到最大升力的迎角，称为临界迎角。超过临界迎角后，升力不再随迎角的增大而增大，而是不断减小。

$$L=\frac{1}{2}\rho v^2 C_L S_w$$

式中　C_L——升力系数，通常是通过风洞试验得出；
　　　ρ——飞行高度处的空气密度；
　　　v——飞机的空速，把飞机相对空气的运动速度称为空速；
　　　S_w——机翼的平面投影面积。

综上所述，升力(L)的大小取决于动压($\rho v^2/2$)、机翼面积(S)、迎角(α)和翼型。在这些影响因素中，机翼面积、空气密度和飞行速度对升力的影响都可以用它们本身的数值大小来直接表达。但是迎角和翼型对升力的影响不是简单的正比或反比关系。通常把迎角和翼型对升力的影响，综合起来用一个系数来表示，这个系数称为升力系数(C_L)。

4.4　飞机的阻力

阻力(R)是阻碍飞机前进的空气动力，是空气作用于飞机上的空气动力在相对气流方向上的分力，是飞机各部分阻力的总和。方向与升力垂直，与相对气流的方向相同。

4.4.1　阻力的分类及产生

1. 摩擦阻力

飞行中，空气流过飞机表面摩擦而形成的阻力，如图 4-17 所示。摩擦阻力的产生和空气具有黏性是分不开的。空气的黏性可以通过图 4-18 所示来证实。

图 4-18 中的两个圆盘一上一下，下面的圆盘与电动机连接，为主动盘；上面的圆盘为从动盘。试验时使它们彼此靠近，但不接触，主动盘转动一段时间后，从动盘也会慢慢地转起来。这是因为主动盘转动时，紧贴着它的一层空气，在黏性作用下随着主动盘一起转动。在黏性作用下，这层转动的空气，会带着外层空气转动。这样，主、从动盘之间的空气会层层相继地都转动起来，以致从动盘也被具有黏性的空气带着转动。上述试验表明，下层转动得快的空气要牵动上层转动得慢的空气，使之加速，根据作用与反作用定律推理得知，上层转动得慢的空气也会拉扯下层转动得快的空气，使之减速。这种空气之间互相牵扯的特性，就是空气的黏性。

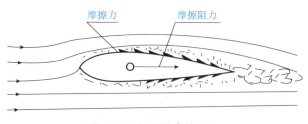
图 4-17 机翼的摩擦阻力

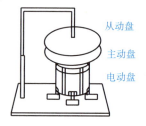
图 4-18 空气的黏性试验

下面分析空气流过飞机表面时的情形。当空气流过飞机时,紧贴飞机表面的一层空气,由于空气分子与表面固体分子之间的相互吸附作用而附着在飞机表面上,流速等于零。因空气有黏性,这层流速等于零的空气会使外层空气减速,沿飞机表面向外发展,气流速度才一层比一层加快起来,直至等于主流的速度。可见,空气流过飞机的途中,贴近飞机表面的地方,有一层气流速度逐渐降低的空气流动层,这个流动层称为附面层(图 4-19)。

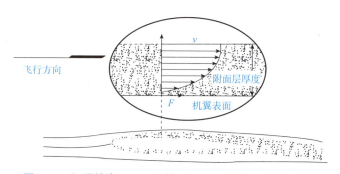
图 4-19 机翼的表面附面层的速度变化和摩擦阻力的产生

在附面层内,相邻两流速不同的空气层之间之所以存在着相互牵扯的作用力,是由于空气分子做无规则运动的结果。下层流得慢的空气分子,有一部分会侵入上层,拉扯上层空气,使之减速。同样,上层流得快的空气分子,也有一部分会侵入下层,促使下层空气加速。这就是说,速度小的空气层要给速度大的空气层一个减速的力,而速度大的空气层要给速度小的空气层一个加速的力。相邻两流速不同的空气层之间这种互相牵扯的作用力,叫作空气的黏性力,或称为空气的内摩擦力。

根据上述分析,从图 4-19 中可以看出,在附面层的底部,由于流动的空气层与紧贴飞机表面不流动的空气层之间存在着速度差,因此,紧贴飞机表面不流动的空气层要给其外面的流动空气层一个黏性力,使之减速。根据作用与反作用定律,流动的空气层也要给不流动的空气层一个黏性力(F),力图带动该层空气流动。但因这层空气附着在飞机表面,不能流动,它只能把受到的黏性力(F)传递给飞机,致使飞机受到摩擦阻力。由此可见,摩擦阻力的方向与相对气流方向一致,与飞行方向相反,阻碍飞机前进。

2. 压差阻力

压差阻力是一种由于物体的前后有压力差而引起的阻力。空气在流过机翼的过程中,在机翼前缘部分,受机翼阻挡,流速减慢,压力增大;在机翼后部,由于气流分离形成涡流区,压力减小(图 4-20)。这样,机翼前后便产生压力差,阻碍飞机的飞行,形成阻力。

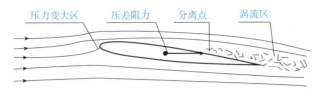

图 4-20 机翼的压差阻力

飞行中,迎角大小对压差阻力有很大影响。迎角增大时,机翼上表面最低压力点的压力降低(图 4-20)。因此,后缘部分的压力比最低压力点的压力大得更多(反压力更大),于是,在上表面后部的附面层中,空气向前倒流的趋势增强,气流分离点向前移动,而使涡流区扩大,压力减小更多。与此同时,机翼前部气流受阻程度增大,使前部压力增大得更多。因此,前后压力差增大,从而使机翼的压差阻力增大。当迎角增大到超过临界迎角以后,由于分离点迅速前移,涡流区扩大到机翼的前部,压力降低更多,同时,前部气流受阻更大,压力增大更多。于是,前后压力差增大得更加显著,压差阻力更大。由此可见,迎角增大,压差阻力增大,而且迎角越大,压差阻力增大越多。

另外,压差阻力大小还与物体形状有关。试验表明,流线型物体的压差阻力最小。前圆后尖的流线型物体有利于减小压差阻力,如图 4-20 所示。将圆板与切面积一样大的流线型物体进行比较后发现,流线型物体的压差阻力更小。因为圆板前部气流受阻挡,压力很大,后部的涡流区大,压力很小,前后压力差很大。而流线型物体的前部,气流受到的阻挡比较小,压力增大不多,后部涡流区小,压力降低得少,所以流线型物体前后压力差小,压差阻力小。

由于流线型物体的压差阻力小,所以,减小压差阻力的办法主要是尽量减少飞机的外露部分,如起落装置做成可以收放的。飞机上必需的外露部分,如座舱盖、副油箱,甚至天线等,尽量把外表形状做成"流线型"。

3. 干扰阻力

将飞机各部分结合起来之后,还会因气流互相作用、互相干扰而引起一种附加的阻力,这种附加阻力称为干扰阻力。

下面以空气流过机翼与机身结合部分的情形为例,来说明干扰阻力是如何产生的,如图 4-21 所示。

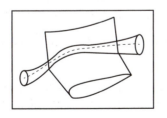 

图 4-21 机翼与机身结合后的相互干扰

机翼表面和机身表面都向外凸出,所以在机翼与机身结合部分的中部,流管剧烈收缩,流速迅速加快,压力很快降低。而在后部,流管剧烈扩张,流速迅速减慢,压力很快增高。这使得附面层内气流在更大的反压力的作用下,引起分离点前移,涡流区扩大,以致机翼和机身的组合体的阻力比单个机翼的阻力与单个机身的阻力之和更大。这个附加的阻力,就是干扰阻力。

4. 诱导阻力

诱导阻力是指空气流过机翼后缘拖出的尾部涡流所诱生的阻力。其由机翼本身结构决定,当空气流过机翼产生升力时,下表面的压力比上表面的大,空气力图从下表面绕过翼尖部分而向上表面流去,这就使得翼尖部分的空气发生扭转而形成所谓的翼尖涡流,如图4-22所示。

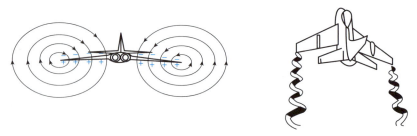

图4-22 翼尖绕流与涡流

由于机翼产生升力的同时会形成翼尖涡流,而翼尖涡流使流过机翼的空气产生下洗速度(ω),气流随之向下倾斜形成下洗气流,如图4-22所示。气流方向向下的倾斜角度,称为下洗角(ε)。

下洗气流使流过机翼的流动方向整个向下倾斜,产生的升力与下洗气流的方向相垂直。升力,垂直于飞行速度方向的分力仍然起着升力的作用,但其平行于飞行速度方向的分力$D_{诱}$,则起着阻力的作用。这个附加的阻力就是诱导阻力。

4.4.2 影响阻力的因素

阻力和升力都是空气动力,影响升力变化的因素也同样影响着阻力的变化。飞行速度和空气密度增大,都会引起阻力增加,这和它们对升力的影响是一样的。机翼面积大,产生阻力的地方就多,所以阻力也大。迎角增加,机翼和飞机其他部分后部的涡流增多,这会导致阻力加大。特别是超过临界迎角以后,机翼后部的涡流显著增多,压差阻力将迅速变大。阻力的大小还与飞机的外形和表面粗糙度有关,表面粗糙度越好,阻力越小;如果飞机的表面变得不光洁了,空气与飞机的摩擦就会加剧,摩擦阻力也就增大。如果飞机外形改变了,空气不能顺利地流过,产生的涡流就会增多,压差阻力随之加大。

1. 翼型阻力

形状阻力(形阻)或压差阻力是由于气流的经过,物体周围压力分布不同而造成的阻力,而蒙皮摩擦阻力或黏性阻力是由于空气和飞行器表面接触产生的。将这些阻力分类是非常有必要的,这些阻力很显然是同时产生的。例如,在图4-23所示的机翼中,除涡阻力外,还会同时产生形状阻力(形阻)和蒙皮摩擦阻力(摩阻)。蒙皮摩阻和形阻之间的关系非常密切:一个会影响另外一个。举例来说,蒙皮摩阻很大程度上是由气流的速度决定的,而流向后方的流体的速度是由物体外形来决定的。因此,特别是在考虑机翼时,形阻和摩阻通常放到一起考虑并用一个新的名词重新命名——翼型阻力,经常也称型面阻力。

与诱导阻力相比,蒙皮摩阻和形阻都直接与速度的平方成正比。所以,当速度增加而诱导阻力减少时,形阻和蒙皮摩阻增加;反之亦然。

2. 涡诱导阻力

诱导阻力现在更多地被称为涡诱导阻力,简称涡阻力或涡阻。因为它是与从机翼翼尖或任意表面拖出的涡联系在一起的,而这些涡产生了升力。涡的出现是直接跟升力联系在一起的:给定机翼的升力系数越高,涡的影响也越明显(这个可以与附着涡的强度联系起来。附着涡越强,升力越大,同样翼尖涡系越强,阻力也越大)。当水平飞行速度 v 较低的时候,飞行器相对于高速状态来说必须工作在高升力系数下,飞行器的诱导阻力随着速度的降低而大大增加(数学上,涡诱导阻力与 L/v^2 成正比)。上面提到的升阻比 L/D 在低速状态下会降低,涡阻力的增加是一个主要因素,但不是唯一的原因。

涡诱导阻力如图 4-23 所示。

3. 总阻力

飞行器在每个速度下的总阻力由总的涡阻力和所有其他的阻力组成,如图 4-24 所示。在涡阻力等于其他阻力和的地方,阻力达到最小值。由于在给定飞行器质量的水平飞行中,升力是个常数,在曲线上最小阻力点处就是飞行器的最大升阻比出现的位置。一个滑翔机的极曲线的形状与这条曲线密切相关,例如,用下沉速度比平飞速度而不是用总阻力系数比总升力系数。

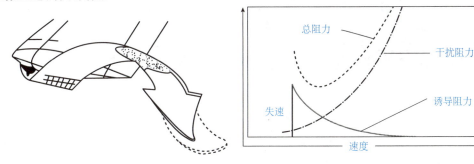

图 4-23 涡诱导阻力　　　　图 4-24 飞行器总阻力组成

4. 展弦比

展弦比(Aspect Ratio)为飞机空气动力学的专有名词,是翼展长度与平均气动弦长的比值。无人机在设计时需要根据任务需求选择展弦比。

大展弦比表明,机翼比较长且窄;小展弦比则表明机翼比较短且宽。无论主翼、水平尾翼,还是垂直尾翼都适用一样的定义。在飞行器设计时,一般会将提供力矩的水平尾翼的展弦设计得比较小,使其在失速时拥有较好的失速特性:如较大的攻角仍然能保持不失速,升力系数下降率较为平缓等;当主翼失速时还能有姿态控制的能力进而脱离失速。一般垂直尾翼展弦比小于水平尾翼展弦比,水平尾翼展弦比小于主翼展弦比。

展弦比的设计同时关系到飞行器的性能。短而宽的机翼(低展弦比)型阻较小,适合高速无人机。而长航时无人机多采用高展弦比,以降低诱导阻力,如捕食者。自然界中更是如此,需要长时间飞行的信天翁,翅膀展弦比高,而如隼或老鹰等需要掠食的鸟类,甚至可以在盘旋时伸展翅膀提高展弦比,攻击或向下俯冲时收回翅膀以求高速、灵活。部分无人机也设计有类似的改变展弦比的功能。

4.5 旋翼升力的产生

4.5.1 螺旋桨

螺旋桨是指靠桨叶在空气中旋转，将发动机转动功率转化为推进力的装置，可有两个或较多的桨叶与桨毂相连，桨叶的向后一面为螺旋面或近似螺旋面的一种推进器。螺旋桨分为很多种，应用也十分广泛。螺旋桨外形如图 4-25 所示。

图 4-25　螺旋桨外形

现在大多数螺旋桨都使用铝合金结构，铝合金螺旋桨上翼型截面延长至接近桨毂，这样能提供较好的空气流动，有利于发动机冷却。铝合金螺旋桨比木制螺旋桨更易于维护，而且使用成本较低。钢制螺旋桨在老一代飞机上使用过，由于钢材容度大，所以，将钢制桨叶做成空心的。复合材料螺旋桨近来较为流行，其特点是质量轻、耐用。

一架飞机上桨叶数目根据发动机的功率而定，有 2 叶、3 叶和 4 叶的，也有 5 叶、6 叶的。工作状态的桨叶是一根悬壁梁受力态势。为了增加桨根的强度，将桨根的截面面积设计为最大。

螺旋桨由桨叶、桨毂、旋转轴、变距机构等组成，如图 4-26 所示。桨毂用来安装桨叶，并与发动机曲轴或减速器连接在一起。

最接近桨毂的桨叶部分称为叶柄（桨根），而离桨毂最远的部分称为桨尖；桨毂组件的毂孔允许螺旋桨安装在发动机曲轴或减速器组件上。

桨叶是产生空气动力的主要部件，桨毂用来将桨叶固定在旋转轴上，旋转轴用来传递发动机的动力，变距机构用来改变螺旋桨的桨叶角。

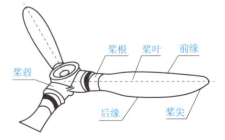

图 4-26　螺旋桨的结构

4.5.2 螺旋桨产生拉力的原理

1. 桨叶角

桨叶角是螺旋桨旋转平面和桨叶弦线构成的夹角,如图 4-27 所示。

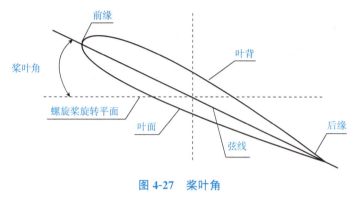

图 4-27 桨叶角

2. 桨弦(弦线)

桨叶剖面前后缘之间的连线称为螺旋桨的弦线;桨叶旋转时所转过的平面称为旋转面;所有螺旋桨桨叶有前缘、后缘和弦线。桨叶凸起的一面称为叶背,平坦的一面称为叶面,如图 4-27 所示。

3. 桨叶迎角

桨叶迎角(又称攻角)是桨叶弦线和相对气流的夹角,通常用 α 表示,如图 4-28 所示。相对气流的方向由飞机通过空气运动的速度和螺旋桨的旋转运动决定。例如,当螺旋桨在静止的飞机上旋转,相对风的方向精确地对着螺旋桨的旋转运动,桨叶迎角和桨叶角是一样的。

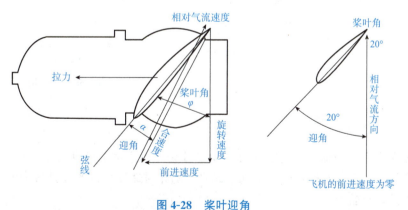

图 4-28 桨叶迎角

4. 螺旋桨产生拉力(推力)的原理

飞机的螺旋桨是怎样产生拉力的呢?如果仔细观察,会看到飞机的螺旋桨结构很特殊,单支桨叶为细长而又带有扭转角的翼形叶片,桨叶的扭转角(桨叶角)相当于飞机机翼的迎角,但桨叶角为桨尖与旋转平面呈平行逐步向桨根变化的扭角,即桨叶角从螺旋桨的桨根到桨叶尖端,桨叶角逐渐减小,如图 4-29 所示。

桨叶的剖面形状与机翼的剖面形状很相似，前桨面相当于机翼的上翼面，曲率较大，后桨面则相当于下翼面，曲率近乎平直，每支桨叶的前缘与发动机输出轴旋转方向一致，所以，飞机螺旋桨相当于一对竖直安装的机翼。

桨叶在高速旋转时，气流流过螺旋桨后，会产生空气动力 R，空气动力 R 可分解为两个力：一个是牵拉桨叶向前的空气动力 F；另一个是由桨叶扭角向后推动空气产生的反作用力，即阻碍螺旋桨旋转的阻力 P。

从桨叶剖面图（图4-30）中可以看出，桨叶的剖面与固定翼翼型剖面相似。空气流过桨面时，会在螺旋桨叶面产生一个高压区，在叶背产生一个低压区，形成压力差，产生一个向前拉桨叶的空气动力。同时，由于旋转的螺旋桨对空气做功，使空气压缩并推动空气向后流动，空气在流动过程中给予桨叶向前的反作用力即气动拉力。压力差与气动拉力的合力就是空气动力 R。空气动力 R 在水平方向的分力 F 就是螺旋桨飞机向前的拉力；空气动力 R 在切线方向的分力 P 就是螺旋桨受到的空气阻力。

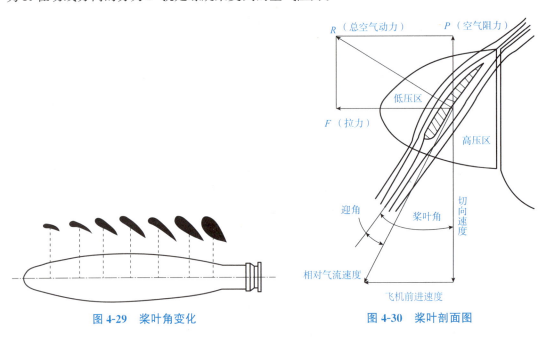

图 4-29　桨叶角变化　　　　图 4-30　桨叶剖面图

4.5.3　多轴无人机

多轴无人机由每个轴末端的电动机转动，带动旋翼产生上升动力。旋翼的角度固定，而不像直升机那样可变。通过改变不同旋翼之间的相对速度可以改变推进力的扭矩，从而控制无人机的运行轨迹。

1. 垂直运动

无人机利用旋翼实现前进和停止。力的相对性意味着旋翼推动空气时，空气也会反向推动旋翼。这是无人机能够上下运动的基本原理。旋翼旋转得越快，升力就越大；反之亦然。

现在的无人机能够做三种垂直运动，即悬停、爬升和降低。当悬停时，无人机四个旋翼产生的推力等于向下的重力。当需要爬升时，则增加四个旋翼的推力从而产生一个大于重力的向上的力。在该动作完成之后，无人机的推力可以相对减少，但为了使其继续向上飞行,仍必须保证向上的力要大于向下的力。使无人机下降的要求则相反:需要减少旋翼的推力速度,此时合力向下。

2. 旋转运动

如何使一个正在飞行的无人机改变飞行方向呢?此时旋翼的运动原理又是什么呢?如图4-31所示,旋翼2和4呈逆时针旋转,旋翼1和3呈顺时针旋转。当这两组旋翼向相反方向旋转时,无人机的总动力为零。角动力值与线性动力值很像,可以用角速度乘惯性矩计算得出。可以说,角动力取决于旋翼旋转的速度。

假设旋翼2和4有一个值为正的角动量,而旋翼1和3有一个值为负的角动量,每个旋翼的值分为+2、+2、-2、-2,那么此时所有的力加起来为零。无人机即可实现悬停。

要使无人机向右转,需要降低旋翼1的角速度。虽然来自旋翼1的推力缺失能使无人机改变运动方向,但与此同时向上的力不等于向下的重力,所以,无人机会下降。为了使无人机在改变方向时保持高度不变,就需要在降低旋翼1和3旋转速度的同时,增加旋翼2和4的旋转速度。此时旋翼的角动力仍然不为零,所以无人机能够旋转。而总力仍然等于重力,无人机能够保持在同一高度。由于向同一方向旋转的旋翼角为对角,所以,无人机仍然可以保持平衡。

3. 水平飞行

由于无人机是前后左右对称的结构,因此,其向前和向后的运动原理没有什么区别。其实这同样适用侧向运动。一架四轮无人机就像一辆每一面都可作为正面的车,所以,向前运动与向后运动或向两侧移动的原理是一样的,如图4-32所示。

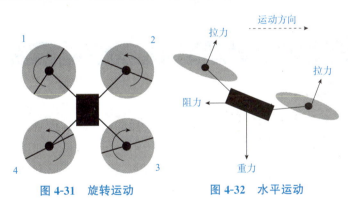

图 4-31 旋转运动　　图 4-32 水平运动

例如,增加旋翼3和4的旋转速率,降低旋翼1和2的旋转速率。此时,总推力与质量相等,因此,无人机能够保持高度不变。此外,由于一个位于后方的旋翼是逆时针旋转,而另一个为顺时针旋转,所以,增加的旋转力仍然会为零,前方的旋翼情况相同。因此,整体上无人机的方向不会改变。然而,无人机后部旋翼所增加的力会使其向前倾斜,因此,应该稍微增加所有旋翼的推力从而产生一个净推力,其中的一个分力可以用来平衡质量和向前运动的力。

无人机运动原理如图4-33所示。

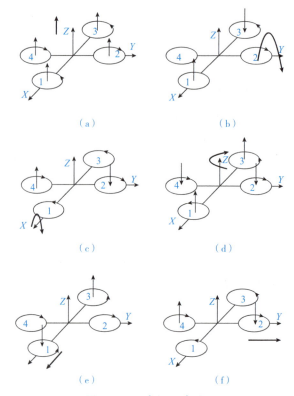

图 4-33 无人机运动原理

(a)垂直运动；(b)俯仰运动；(c)滚转运动；(d)偏航运动；(e)前后运动；(f)侧向运动

思 考 题

1. 低速气流有哪些特性？
2. 简述机翼结构及压力分布特性。
3. 飞机的升力是如何产生的？
4. 简述飞机阻力的产生及分类。
5. 旋翼升力是如何产生的？

第5章 无人机运行法律、法规

学习目标

一、知识目标

1. 了解国内无人机法规的发展；
2. 了解国外无人机相关法规；
3. 掌握无人机相关法规的定义及要求；
4. 理解无人机监管文件体系。

二、能力目标

具备理论结合实践的能力，在实际飞行任务中熟知无人机相关法律法规。

三、素养目标

1. 具有爱岗敬业、谨慎细致、高效务实、团结协作的职业态度；
2. 具有良好的科学文化素质、专业业务素质和科学创新的意识；
3. 增强对按规行事、团结协作、安全作业等职业操守的重视。

5.1 国内、国外无人机相关法规

5.1.1 国内无人机法规的发展

经过多年的发展，目前，国内民用无人机已在应急救援、环境检测、电力巡线、航拍测绘、农业植保等多个领域得到广泛应用。在民用无人机迅猛发展的大背景下，无人机的安全问题也成为公众关注的焦点。国内曾经发生过无人机违规飞行对民航客机产生影响的事件，也曾经发生过无人机危及地面人员生命财产安全的事件，而美国也曾经发生过民用无人机与民航客机险些相撞的事件，这些都引起了公众的强烈关注。另外，部分无人机生产商在设计过程中并没有考虑适航要求，这也使得无人机产品在安全上的考虑不足，造成了潜在的安全隐患。

面对这样的情况，民航局陆续颁布了一系列文件来规范管理无人机的审定与运营工作；工业和信息化部也开展了一系列针对无人机生产企业的准入条件的指定工作，来更好地维护公众利益，保障航空安全。

2000年7月24日，国务院办公厅发布了中华人民共和国国务院、中华人民共和国中央军事委员会令第288号《中华人民共和国飞行基本规则》。

根据2001年7月27日发布的《国务院、中央军委关于修改〈中华人民共和国飞行基本规则〉的决定》进行了第一次修订。又根据2007年10月18日发布《国务院、中央军委关于修改〈中华人民共和国飞行基本规则〉的决定》进行了第二次修订。其中的第27条提到了关于放飞无人驾驶自由气球和系留气球必须经飞行管制部门同意。第35条，所有飞行必须预先提出申请，经批准后方可执行。这是我国法规中出现了无人驾驶航空器内容。

2003年1月10日，中国民航局发布了国务院、中央军委令第371号《通用航空飞行管制条例》，提到了关于无人驾驶自由气球和系留气球必须遵守该条例。这是民航局的文件里首次出现了无人驾驶航空器内容。

严格地说，在2007年前，我国民航局没有对无人驾驶飞行器制定明确的适航审定政策和适航要求/规章。

针对民用无人飞行器应用领域不断扩展、活动日益频繁的现状，民航局为了保障公众安全、规范无人机运行先后颁布了法规文件，分别如下：

2009年6月4日，中国民用航空局航空器适航审定司发布《关于民用无人机管理有关问题的暂行规定》(ALD2009022)，正式开始民用无人机的管理，该规定要求民用无人机申请人办理临时国籍登记证和Ⅰ类特许飞行证；并要求结合实际机型特点，按照现行有效的规章和程序的适用部分对民用无人机进行评审。

2009年6月26日，中国民用航空局空中交通管理局发布了《民用无人机空中交通管理办法》(MD-TM-2009-002)，对民用无人机飞行活动进行了管理，规范了空中交通管理的办法，保证民用航空活动的安全，制定了民用无人机空中交通管理的有关规定。该文件作为我国现阶段民用无人机控制交通管理办法，对无人机的空域管理、空中交通管理、无线电频率和设备的使用等方面给出明确的要求。

2012年1月13日，民航局适航审定司颁发了适航管理文件《民用无人机适航管理工作会议纪要》(ALD-UAV-01)。在上述管理政策下，2013年12月，民航局适航司向潍坊天翔航空工业有限公司的V750型无人机颁发了特许飞行证，这是国内首架获得特许飞行证的旋翼类无人机。

2013年11月18日，民航局颁布咨询通告《民用无人驾驶航空器系统驾驶员管理暂行规定》(AC-61-FS-2013-20)，针对民用无人机及其系统的驾驶员实施指导性管理，目的是按照国际民航组织的标准建立我国完善的民用无人机驾驶员监管措施，明确提出了无人机微、轻、小、大的分类；无人机驾驶员与机长的训练时间限制，我国的无人机驾驶员也至此进入持证飞行阶段。

2014年4月29日，民航局发布《关于民用无人驾驶航空器系统驾驶员资质管理有关问题的通知》(民航发〔2014〕27号文件)，正式公布中国民用无人机的驾驶员的资质管理由中国航空器拥有者及驾驶员协会(AOPA)来执行。飞标司负责对AOPA的管理工作进行监督和审查。

中国航空器拥有者及驾驶员协会（Aircraft Owners and Pilots Association Of China，AOPA-China，简称：中国 AOPA）于 2004 年 8 月 17 日成立，是中国民用航空局主管的全国性的行业协会，也是国际航空器拥有者及驾驶员协会[国际航空器拥有者及驾驶员协会（International Council of Aircraft Owner and Pilot Association，IAOPA）是一个由 73 个主权国家组成的非政府、非营利性的通航组织，全球共有超过 47 万的会员]的国家会员，还是其在中国的唯一合法代表。中国航空器拥有者及驾驶员协会代表中国航空器拥有者及驾驶员利益，接受国际航空器拥有者及驾驶员协会的监督、指导及相关规章约束。

AOPA 是行业协会，国际上统称的非政府机构（又称 NGO），是一种民间性组织，不属于政府的管理机构系列，在政府与企业之间起到桥梁和纽带的作用。

2014 年 7 月 22 日，国家空管委办公室发布了《低空空域使用管理规定（试行）》（征求意见稿）。该征求意见稿指出：在低空空域飞行的民用无人驾驶航空器和操作人员的审查、登记、管理，由民航局负责。无人驾驶航空器飞行计划按管制空域相关规定申请办理，通常不得与有人驾驶航空器在同一空域组织飞行。意见稿针对"民用无人机的飞行计划如何申报？申报应具备哪些条件？以及在哪些空域里可以飞行？"做了详细的规定，这意味着民用无人机飞行合法化向前迈进一步，对打开无人机市场有重要意义。

2015 年 12 月 29 日，中国民航局飞行标准司发布《轻小无人机运行规定（试行）》（AC-91-FS-2015-31）。在这部规定中，将无人机的分类增加到 7 类，单独提出了植保无人机的分类，意图在于发展精准农业，降低农药残留，环保可持续发展。

2015 年 4 月 23 日，中国民航局再次发布《关于民用无人驾驶航空器系统驾驶员资质管理有关问题的通知》（民航发〔2015〕34 号），继续将民用无人机驾驶员的资质管理授予 AOPA 管理。时间范围是 2015 年 4 月 30 日—2018 年 4 月 30 日，范围为视距内运行的空机质量大于 7 kg 以及在隔离空域超视距运行的无人机驾驶员的资质管理。

2016 年 7 月 11 日，中国民航局飞行标准司发布《民用无人机驾驶员管理规定》（AC-61-FS-2016-20R1），在这部规定中，将无人机的分类增加到 9 类，在 7 类的基础上把原来的小型和大型无人机增加了进去。

2016 年 9 月 21 日，中国民航局空管行业管理办公室发布《民用无人驾驶航空器系统空中交通管理办法》（MD-TM-2016-004）。本管理办法适用依法在航路航线、进近（终端）和机场管制地带等民用航空使用空域范围内或者对以上空域内运行存在影响的民用无人驾驶航空器系统活动的空中交通管理工作，并明确指出民用无人驾驶航空器仅允许在隔离空域内飞行。

2016 年 11 月 30 日，AOPA 发布了《民用无人机驾驶员合格审定规则（暂行）》，依据民航发〔2015〕34 号文件精神，AOPA 按照相关法律、法规及规范性文件负责管理视距内运行的空机质量大于 7 kg 以及在隔离空域超视距运行的无人机驾驶员的人员资质。AOPA 为了在局方授权范围内规范民用无人机驾驶员的合格审定工作制定了该规则。对驾驶员考试的课程、培训、飞行训练进行了详细地说明。由中国 AOPA 负责颁发驾驶员训练机构临时合格证，并对训练机构的申请条件、场地限制、课程设置、训练质量等相关内容进行了说明。

据国内媒体报道，《无人机空域管理规定》目前也正在征求意见，不久有望出台。《无人机空域管理规定》主要针对民用无人机，将包括无人机飞行计划如何申报，申报应具备哪些条件,以及在哪些空域里可以飞行等内容。

自2012年以来,工信部已经就无人机企业的准入问题,启动了《民用无人机研制单位基本条件及评价方法》的研究。此研究由中国航空综合技术研究所牵头,旨在通过对民用无人机研制单位基本条件进行评价,规范民机制造业市场竞争秩序,侧面引导行业基本资源与能力需求,引导资源配置、技术研究与管理水平的发展方向,促进国内民用无人机产业的健康快速发展。

在上述管理政策下,我国无人机逐渐进入良性发展的轨道,目前也已有多型无人机获得了特许飞行证。随着我国无人机适航管理的不断完善,无人机适航管理要求和技术标准将逐步健全,无人机的市场化运营在获得更多空域的同时也会得到更严格的监管,"黑飞"将得到有力遏制,不具备适航能力的无人机将被逐出民用市场,航空安全与公众利益将得到更好的保障。相信在科学的管理下,我国无人机产业将进入安全、健康的发展轨道。

近年来,我国出现多起航模飞行导致第三方生命财产安全受到损害的情况,航模与无人机对公众的安全影响也越来越大。由于目前国家对无人机和航模界定不清,使得这两种飞行器该由谁来管、怎么管的问题日渐突出。按照业内的普遍观点,无人机和航模的主要区别在于:有无自主飞行系统;无人机有任务载荷,而航模主要用来训练、比赛、娱乐。我国航模主要由国家体育总局下属航空运动管理中心管理,但民航局暂未授权任何机构作为 7 kg 以下的无人机的管理责任主体。目前,我国在无人机监管方面仍然有一段很长的道路要走,而 AOPA 作为协助政府行使职能的行业监管者,对我国无人机行业的发展有着不可替代的重要作用。"路漫漫其修远兮",中国 AOPA 仍然在努力求索。

2016 年 11 月 30 日颁布了《民用无人机驾驶员合格审定规则(暂行)》,该规则于 12 月 1 日起正式生效。应该说就法规方面我国的无人机管理已经走在世界的前列,管人、管物、管运行,到底由谁来管等领域都有明确的规定。

2017 年 5 月 17 日中国民用航空局在其官方网站公布了《民用无人驾驶航空器实名制登记管理规定》,无人机拥有者实名登记制度也因此迈出了实质性一步。

2018 年,中国民用航空局官网发布了《民用无人驾驶航空器经营性飞行活动管理办法(暂行)》(以下简称《办法》),《办法》规定,自 2018 年 6 月 1 日起,无人机进行经营性飞行活动都将"持证起飞"。《办法》将无人机开展的航空喷洒、航空摄影、空中牌照、表演飞行等作业类和无人驾驶员培训类的经营活动纳入适用范围,同时所需条件也大为简化,从设定的 10 项放宽到 4 项,包括企业法人要求、航空器的实名登记、培训能力要求(仅适用从事培训经营活动)以及投保地面第三人责任险。此外,载客类和载货类经营性飞行活动因运行情况复杂、风险不确定等因素,暂不适用。

2020 年 5 月,民航局制定了《民用无人驾驶航空试验基地(试验区)建设工作指引》。该工作指引推动民用无人驾驶航空试验基地(试验区)建设,明确深入开展无人机试运行、开展监管和服务机制探索、开展无人机适航审定技术研究、开展运行技术验证、开展支撑要素试验及开展创新产业生态试验等重点任务。2020 年 12 月,民航局印发《中国民用航空局关于推动新型基础设施建设促进民航高质量发展的实施意见》及《中国民用航空局关于推进新型基础设施建设五年行动方案》,旨在积极推动行业数字化、智能化、智慧化转型升级,促进民航基础设施高质量发展。2020 年 12 月,《国务院办公厅关于推进人工影响天气工作高质量发展的意见》提出至 2025 年,人工增雨(雪)作业影响面积达到 550 万 km^2 以上,人工防雹作业保护面积达到 58 万 km² 以上。到 2035 年，推动我国人工影响天气业务、科技、服务能力达到世界先进水平。

5.1.2 国外无人机相关法规

1. 美国的相关法规

经历了长时间的等待，数次延期，2015 年 2 月 15 日，美国联邦航空管理局终于公布了期盼已久的无人机商转管理办法草案。这项新规打破了之前全面禁飞的局面，但是还有待最终定案。

这份规则主要适用质量 25 kg 以下的无人机，主要限定包括飞行时间、高速、速度、搭载限制。它限定无人机只能在白天飞行，且全程都必须保持在操作人员的视线范围内，飞行高度不得超过 150 m，时速不得超过 160 km/h。不得从人头顶上飞过，不得从无人机上扔东西，机体外侧不得搭挂包裹。

飞行路线地点限制：无人机必须避开飞机飞行路线和飞行限制区，必须严格遵守相关临时限飞令。无人机应避开有人驾驶飞机的机场至少 8 km。无人机飞行时，应始终维持于无线电操作者视界以内。

驾驶员资格要求：无人机操作人员至少满 17 岁，需考取美国联邦航空局无人机操作人员资格证书，并且通过 TSA(美国运输安全管理局)的审查要求。

另外，关于爱好者的模型无人机，则仍然跟之前一样不受限制，只要不妨碍空中交通。

2. 英国无人机政策

世界无人机法规领航者 CAP722 是英国民航局在英国领空内对无人机使用的指导准则，现在所有关于无人机的法规都收在《空中导航法(2009)》中，在那之前，CAP722 是英国无人机行业的参考标准，并被全世界所模仿学习与实施。这份文件强调了在英国操作无人机前需要注意的适航性和操作标准方面的安全要求。最新版的 CAP722 发布于 2012 年 8 月，并且对民用无人机实施相当程度的开放政策。英国民航局是无人机法规领域的领航者。

3. 欧盟的相关政策

欧洲法规 2008 第 216 号监管着所有整机质量超过 150 kg 的无人机。无人机的设计和生产也必须和常规飞机一样遵循相关的认证规范（该规范由 EuroUSC 公司主导，该公司获得民航局的授权实施轻型无人机计划），并且必须获得适航认证或准飞许可。在英国，整机质量在 20 kg 到 150 kg 的无人机需要具有英国法律下的适航性资质。如果飞行器在半径 500 m 和低于 400 英尺(1 英尺＝0.304 8 m)的范围或在隔离的飞行区域内，并且无人机和该飞行有一定的适航性保证，英国民航局可以豁免适航性认证的需求。英国民航局也会在自己调查和被推荐的基础上颁发豁免权，当前仅有一家组织获得了此项许可。整机质量 20 kg 以下的无人机并不需要遵从很多主要政策要求，但是领航法第 98 号文中设立了一些条件。这些条件包括禁止在管制区域或飞机场附近飞行，除非获得空管局的许可，最大高度 400 英尺和禁止在没有英国民航局特别许可的情况下高空作业。

虽然英国航空法中操控无人机并不需要认证飞行员执照，但是英国民航局要求所有潜在无人机操控者都要掌握飞行资质。飞行资质可以通过完成指定课程获得，并由四家认证机构运营培训与考试。

而对于军用和民用的市场占比，Teal Group 给出了民用市场更加乐观的判断（大约年化复合增速为 9%，到 2023 年达到 15 亿美元，当然 Teal Group 在报告中特别提到了 Google、Facebook 和 Amazon 等高科技巨头给民用、军用无人机产业带来的潜在的现在难以量化预判的颠覆性变化）。民用无人机市场在全球范围出现爆发性增长需要突破的两个瓶颈是空域资源和安全问题。一旦在世界范围内解决这两个问题，人类利用无人机征服空域的想象空间将被彻底打开，全球民用无人机市场可能呈现出爆发式的增长。

5.2 无人机相关法律、法规的定义及要求

5.2.1 对于无人机及相关系统定义

无人机（Unmanned Aircraft，UA），是指由控制站管理（包括远程操纵或自主飞行）的航空器，也称远程驾驶航空器（Remotely Piloted Aircraft，RPA）。

无人机系统（Unmanned Aircraft System，UAS），也称远程驾驶航空器系统（Remotely Piloted Aircraft Systems，RPAS），是指由无人机、相关控制站、所需的指令与控制数据链路及批准的型号设计规定的任何其他部件组成的系统。

无人机系统驾驶员，是由运营人指派对无人机的运行负有必不可少责任并在飞行期间适时操纵无人机的人。

无人机系统的机长，是指在系统运行时间内负责整个无人机系统运行和安全的驾驶员。

无人机观测员，由运营人指定的训练有素的人员，通过目视观测无人机协助无人机驾驶员安全实施飞行。

运营人，是指从事或拟从事航空器运营的个人、组织或者企业。

等级，是指填在合格证上或与合格证有关并成为合格证一部分的授权，说明关于此种合格证的特殊条件、权利或限制。

类别等级，是指根据无人机产生气动力及不同运动状态依靠的不同部件或方式，将无人机进行划分并成为合格证一部分的授权，说明关于此种合格证的特殊条件、权利或限制。

级别等级，是指依据民用无人机空机质量、起飞全质量、使用特性等将其进行划分并成为合格证一部分的授权，说明关于此种合格证的特殊条件、权利或限制。

控制站（也称遥控站、地面站），是无人机系统的组成部分，包括用于操纵无人机的设备。

指令与控制数据链路（C2：Command and Control data 6 link），是指无人机和控制站之间为飞行管理之间的数据链接。

感知与避让，是指看见、察觉或发现交通冲突或其他危险并采取适当行动的能力。

无人机感知与避让系统，是指无人机机载安装的一种设备，用以确保无人机与其他航空器保持一定的安全飞行间隔，相当于载人航空器的防撞系统。在融合空域中运行的Ⅺ、Ⅻ类无人机应安装此种系统。

视距内运行(Visual Line of Sight Operations, VLOS)，是指无人机驾驶员或无人机观测员与无人机保持直接目视视觉接触的操作方式，航空器处于驾驶员或观测员目视视距内半径 500 m，相对高度低于 120 m 的区域内。

超视距运行(Beyond VLOS, BVLOS)，是指无人机在目视视距以外的运行。

扩展视距运行(Extended VLOS, EVLOS)，是指无人机在目视视距以外运行，但驾驶员或者观测员借助视觉延展装置操作无人机，属于超视距运行的一种。

融合空域，是指有其他航空器同时运行的空域。

隔离空域，是指专门分配给无人机系统运行的空域，通过限制其他航空器的进入以规避碰撞风险。

人口稠密区，是指城镇、村庄、繁忙道路或大型露天集会场所等区域。

重点地区，是指军事重地、核电站和行政中心等关乎国家安全的区域及周边，或地方政府临时划设的区域。

机场净空区，也称机场净空保护区域，是指为保护航空器起飞、飞行和降落安全，根据民用机场净空障碍物限制图要求划定的空间范围。

空机质量，是指不包含载荷和燃料的无人机质量，该质量包含燃料容器和电池等固体装置。

无人机云系统(简称无人机云)，是指轻小型民用无人机运行动态数据库系统，用于向无人机用户提供航行服务、气象服务等，对民用无人机运行数据(包括运营信息、位置、高度和速度等)进行实时监测。接入系统的无人机应即时上传飞行数据，无人机云系统对侵入电子围栏的无人机具有报警功能。

电子围栏，是指为阻挡即将侵入特定区域的航空器，在相应电子地理范围中画出特定区域，并配合飞行控制系统、保障区域安全的软硬件系统。

主动反馈系统，是指运营人主动将航空器的运行信息发送给监视系统。

被动反馈系统，是指航空器被雷达、ADS-B 系统、北斗等手段从地面进行监视的系统，该反馈信息不经过运营人。

固定翼无人机，是指动力驱动的重于空气的一种无人机。其飞行升力主要由给定飞行条件下保持不变的翼面产生。

无人直升机，是指一种重于空气的无人机。其飞行升力主要由在垂直轴上一个或多个动力驱动的旋翼产生，其运动状态改变的操纵一般通过改变旋翼桨叶角来实现。

多旋翼无人机，是指一种重于空气的无人机。其飞行升力主要由三个及三个以上动力驱动的旋翼产生；其运动状态改变的操纵一般通过改变旋翼转速来实现。

垂直起降固定翼无人机(VTOL)，是指一种重于空气的无人机。其垂直起降时由直升机、多旋翼或直接推力等方式实现；水平飞行由固定翼或旋翼等方式实现，且垂直起降与水平飞行方式可在空中自由转换。

无人自转旋翼机，是指一种无人旋翼机。其旋翼仅在起动或跃升时有动力驱动，在空中平飞时依靠空气的作用力推动自由旋转。这种无人旋翼机的推进方式通常是使用独立于旋翼系统的推进式动力装置。

无人飞艇，是指一种由动力驱动能够操纵的轻于空气的无人航空器。

植保无人机，是指用于喷洒农药；喷洒用于作物养料、土壤处理、作物生命繁殖；虫害控制的任何其他物质或从事直接影响农业、园艺或森林保护的喷洒任务（但不包括撒播活的昆虫）的民用无人机。其驾驶员应当持有相应类别、级别的驾驶员合格证。

飞行经历时间，是指为符合民用无人机驾驶员的训练和飞行时间要求，操纵无人机或在模拟机上所获得的飞行时间。这些时间应当是作为操纵无人机系统必需成员的时间，或从授权教员处接受训练或作为授权教员提供教学的时间。

理论考试，是指航空知识理论方面的考试，该考试是颁发民用无人机驾驶员合格证所要求的，通过无人机管理办公室组织的计算机考试来实施。

实践考试，是指为取得民用无人机驾驶员合格证进行的操作方面的考试（包括实践飞行、综合问答、地面站操作），该考试通过申请人在飞行中演示操作动作及回答问题的方式进行。

授权教员，是指持有按规则颁发的具有教员等级的驾驶员合格证，并依据其教员等级上规定的权利和限制执行教学任务的人员。

申请人，是指申请驾驶员合格证的自然人。

5.2.2 无人机监管文件体系

目前，我国无人机的监管文件体系相对滞后，在民航法律法规、无人机法律法规、无人机规范性文件和无人机标准体系文件方面陆续出台了一系列监管文件和标准体系文件，很多文件仍处于征求意见稿、试行阶段，亟须进一步完善。

目前，我国出台的无人机监管文件及标准体系文件，见表 5-1。

表 5-1 中国无人机监管相关文件

文号	文件名称	文件分类	发文日期	备注
飞行管理				
—	《无人驾驶航空器飞行管理暂行条例（征求意见稿）》	行政法规	2018/01/26	
AC-91-FS-2015-31	轻小无人机运行规定（试行）	规范性文件（咨询通告）	2015/12/29	
空中交通管理				
MD-TM-2009-002	民用无人机空中交通管理办法	规范性文件	2009/06/26	废止
MD-TM-2016-004	民用无人驾驶航空器系统空中交通管理办法	规范性文件（管理文件）	2016/09/21	
—	中南地区民用无人驾驶航空器系统空中交通管理评审规则（试行）	规范性文件（管理文件）	2021/12/30	

续表

文号	文件名称	文件分类	发文日期	备注
驾驶员管理				
AC-61-FS-2013-20	民用无人机驾驶航空器系统驾驶员管理暂行规定	规范性文件（咨询通告）	2013/11/18	废止
AC-61-FS-2016-20-R1	民用无人机驾驶员管理规定	规范性文件（咨询通告）	2016/07/11	
无人机管理				
AP-45-AA-2017-03	民用无人驾驶航空器实名制登记管理规定	规范性文件（管理程序）	2017/05/16	
标准体系文件				
—	无人驾驶航空器系统标准体系建设指南（2017—2018年版）	技术性文件（标准体系）	2017/06/6	
MH/T 2008—2017	无人机围栏	民用航空行业标准	2017/10/20	
MH/T 2009-2017	无人机云系统接口数据规范	民用航空行业标准	2017/10/20	

1. 民航法律法规

民用无人机作为民用航空器的一员，民航相关法律、法规对民用无人机也具有约束力，虽然针对性不强，但可作为无人机法律、法规的补充，如《中华人民共和国民用航空法》《中华人民共和国飞行基本规则》《中华人民共和国无线电管理条例》《通用航空飞行管制条例》《民用机场管理条例》《民用航空空中交通管理规则》等。

2. 无人机法律法规

对比我国民航法律法规体系的3个层次，我国专门针对无人机的法律法规在国家立法行政法规和规章3个层次上暂时空白。

国务院、中央军委空中交通管制委员会（以下简称国家空管委）组织起草了《无人驾驶航空器飞行管理暂行条例（征求意见稿）》，并于2018年年初面向社会公开征求意见，是国家层面无人机产业法律、法规零的突破。

3. 无人机规范性文件

近几年，我国相关部门陆续出台了一些针对无人机的咨询通告、管理文件等规范性文件，如《轻小无人机运行规定（试行）》(AC-91-FS-2015-31)、《民用无人驾驶航空器系统空中交通管理办法》(MD-TM-2016-004)、《民用无人机驾驶员管理规定》(AC-61-FS-2016-20-R1)和《民用无人驾驶航空器实名制登记管理规定》(AP-45-AA-2017-03)，在无人机飞行管理、空中交通管理、驾驶员管理和无人机登记管理等方面进行了规定，成为法律法规的有益补充。

4. 无人机标准体系文件

无人机标准体系建设能引领和规范行业的发展，也将进一步提高无人机的监管水平。2017年6月6日，国家标准化管理委员会、工业和信息化部、科技部、公安部、原农业部、国家体育总局、国家能源局和中国民用航空局8部门联合发布了《无人驾驶航空器系统标准体系建设指南（2017—2018年版）》。

2017年7月10日,中国民用航空局飞行标准司下发了《无人机围栏(征求意见稿)》和《无人机云系统接口数据规范(征求意见稿)》,2017年10月20日中国民用航空局正式发布了这两项行业标准,并于2017年12月1日起开始实施。

5.2.3　无人机相关的一些要求

1. 无人机系统驾驶员实施分类管理的要求

(1)下列情况下,无人机系统驾驶员自行负责,无须证照管理:
①在室内运行的无人机;
②在视距内运行的微型无人机;
③在人烟稀少、空旷的非人口稠密区进行试验的无人机。
(2)下列情况下,无人机驾驶员由行业协会实施管理:
①在视距内运行的除微型以外的无人机;
②在隔离空域内超视距运行的无人机;
③在融合空域内超视距运行的无人机;
④在融合空域运行的轻型无人机;
⑤充气体积在 4 600 m^3 以下的遥控飞艇。
(3)下列情况下,无人机系统驾驶员由局方实施管理:
①在融合空域运行的小型无人机;
②在融合空域运行的大型无人机;
③充气体积在 4 600 m^3 以上的遥控飞艇。

2. 对实施无人机系统驾驶员管理的行业协会提出的要求条件

(1)正式注册 5 年以上的全国性行业协会,并具有行业相关性。
(2)设立了专门的无人机管理机构。
(3)建立了可发展完善的理论知识评估方法,可以测评人员的理论水平。
(4)建立了可发展完善的安全操作技能评估方法,可以评估人员的操控、指挥和管理技能。
(5)建立了驾驶员考试体系和标准化考试流程,可实现驾驶员训练、考试全流程电子化实时监测。
(6)建立了驾驶员管理体系,可以统计和管理驾驶员在持证期间的运行和培训的飞行经历、违法处罚等记录。
(7)已经在民航局备案。

3. 对民用无人机运行的仪表、设备和标识的要求

(1)具有有效的空地 C2 链路。
(2)地面站或操控设备具有显示无人机实时的位置、高度、速度等信息的仪器仪表。
(3)用于记录、回放和分析飞行过程的飞行数据记录系统,且数据信息至少保存 3 个月(适用Ⅲ、Ⅳ、Ⅵ类)。
(4)对于接入无人机云系统的用户,应当符合无人机云的接口规范。
(5)对于未接入无人机云系统的用户,其无人机机身需有明确的标识,注明该无人机的型号、编号、所有者、联系方式等信息，以便出现坠机情况时能迅速查找到无人机所有者或操作者信息。

4. 对无人机运营商提出的要求

(1)设立了专门的组织机构。

(2)建立了无人机云系统的质量管理体系和安全管理体系。

(3)建立了民用无人机驾驶员、运营人数据库和无人机运行动态数据库，可以清晰管理和统计持证人员，监测运行情况。

(4)已与相应的管制、机场部门建立联系，为其提供数据输入接口，并为用户提供空域申请信息服务。

(5)建立与相关部门的数据分享机制，建立与其他无人机云提供商的关键数据共享机制。

(6)满足当地人大和地方政府出台的法律法规，遵守军方为保证国家安全而发布的通告和禁飞要求。

(7)获得局方试运行批准。

(8)提供商应定期对系统进行更新扩容，保证其所接入的民用无人机运营人使用方便、数据可靠、低延迟、飞行区域实时有效。

(9)提供商每6个月向局方提交报告，内容包括无人机云系统接入航空器架数，运营人数量，技术进步情况，遇到的困难和问题，事故和事故征候等。

5. 对于农用植保无人机的运行提出的要求

(1)农林植保。农林植保定义为喷洒农药；喷洒用于作物养料、土壤处理、作物生命繁殖或虫害控制的任何其他物质；从事直接影响农业、园艺或森林保护的喷洒任务，但不包括撒播活的昆虫。

执行农林植保无人飞行要求的人员是运营人指定的一个或多个作业负责人，该作业负责人应当持有民用无人机驾驶员合格证并具有相应等级，同时接受了下列知识和技术的培训或者具备相应的经验：

①开始作业飞行前应当完成的工作步骤，包括作业区的勘察；

②安全处理有毒药品的知识及要领和正确处理使用过的有毒药品容器的办法；

③农药与化学药品对植物、动物和人员的影响和作用，重点在计划运行中常用的药物及使用有毒药品时应当采取的预防措施；

④人体在中毒后的主要症状，应当采取的紧急措施和医疗机构的位置；

⑤所用无人机的飞行性能和操作限制。

(2)安全飞行和作业程序。

①飞行技能，以无人机的最大起飞全质量完成起飞、作业线飞行等操作动作；

②作业负责人对实施农林喷洒作业飞行的每一人员实施规定的理论培训、技能培训及考核，并明确其在作业飞行中的任务和职责；

③作业负责人对农林喷洒作业飞行负责，其他作业人员应该在作业负责人带领下实施作业任务；

④对于独立喷洒作业人员，或者从事作业高度在15 m以上的作业人员应持有民用无人机驾驶员合格证。

(3)喷洒限制。

①实施喷洒作业时,应当采取适当措施,避免喷洒的物体对地面的人员和财产造成危害;

②喷洒记录保存;

③实施农林喷洒作业的运营人应当在其主运行基地保存关于下列内容的记录:

a. 服务对象的名称和地址;

b. 服务日期;

c. 每次作业飞行所喷洒物质的量和名称;

d. 每次执行农林喷洒作业飞行任务的驾驶员的姓名、联系方式和合格证编号(如适用),以及通过知识和技术检查的日期。

6. 对于无人飞艇提出的要求

(1)禁止云中飞行。在云下运行时,与云的垂直距离不得少于 120 m。

(2)当无人飞艇附近存在人群时,须在人群以外 30 m 运行。当人群抵近时,飞艇与周边非操作人员的水平间隔不得小于 10 m,垂直间隔不得小于 10 m。

(3)除经局方批准,不得使用可燃性气体,如氢气。

7. 对通信、导航和监视功能提出的要求

(1)民用无人机应安装保障航空安全的通信频率和设备,包括空中交通管制通信及备用的通信手段;双向的指令与控制数据链路(C2),性能参数安全可靠,通信设备的工作范围足够;无人机驾驶员和无人机观测员之间建立起有效的通信。

(2)民用无人机应安装导航设备。

(3)民用无人机应安装监视设备(如 SSR 应答,ADS-B 发出),使之具备发现与避让能力。

(4)民用无人机应有通信紧急程序,包括 ATC 通信故障时的程序;指令与控制数据链路故障时的程序;无人机驾驶员/无人机观测员通信故障时的程序(如适用);控制站的数量和位置及控制站之间的交接程序(如适用)。

8. 对无人机机长及驾驶员提出的要求

(1)执照要求:

①在融合空域 3 000 m 以下运行的Ⅺ类无人机驾驶员,应至少持有运动或私用驾驶员执照,并带有相似的类别等级(如适用);

②在融合空域 3 000 m 以上运行的Ⅺ类无人机驾驶员,应至少持有带有飞机或直升机等级的商用驾驶员执照;

③在融合空域运行的Ⅻ类无人机驾驶员,应至少持有带有飞机或直升机等级的商用驾驶员执照和仪表等级;

④在融合空域运行的Ⅻ类无人机机长,应至少持有航线运输驾驶员执照。

(2)对于完成训练并考试合格人员,在其驾驶员执照上签注如下信息:

①无人机型号;

②无人机类型;

③职位,包括机长、副驾驶。

(3)熟练检查:驾驶员应对每个签注的无人机类型接受熟练检查,该检查每12个月进行一次,检查由局方可接受的人员实施。

(4)体检合格证:持有驾驶员执照的无人机驾驶员必须持有按中国民用航空规章《民用航空人员体检合格证管理规则》(CCAR-67FS)颁发的有效体检合格证,并且在行使驾驶员执照权利时随身携带该合格证。

(5)航空知识要求:申请人必须接受并记录培训机构工作人员提供的地面训练,完成下列与所申请无人机系统等级相应的地面训练课程并通过理论考试。

①航空法规以及机场周边飞行、防撞、无线电通信、夜间运行、高空运行等知识。

②气象学,包括识别临界天气状况,获得气象资料的程序以及航空天气报告和预报的使用。

③航空器空气动力学基础和飞行原理。

④无人机主要系统、导航、飞控、动力、链路、电气等知识。

⑤无人机系统通用应急操作程序。

⑥所使用的无人机系统特性,包括起飞和着陆要求;飞行性能[飞行速度;典型和最大爬升率;典型和最大下降率;典型和最大转弯率;其他有关性能数据(如风、结冰、降水限制)和航空器最大续航能力];通信、导航和监视功能;航空安全通信频率和设备的功能[空中交通管制通信,包括任何备用的通信手段;指令与控制数据链路(C2链路),包括性能参数和指定的工作覆盖范围;无人机驾驶员和无人机观测员之间的通信,如适用];导航设备;监视设备(如SSR应答,ADS-B发出);发现与避让能力;通信紧急程序(ATC通信故障;指令与控制数据链路故障;无人机驾驶员/无人机观测员通信故障,如适用);控制站的数量和位置及控制站之间的交接程序,如适用。

(6)飞行技能与经历要求:申请人必须至少在下列操作上接受并记录了培训机构提供的针对所申请无人机系统等级的实际操纵飞行或模拟飞行训练。

①对于机长:空域申请与空管通信,不少于4 h;航线规划,不少于4 h;系统检查程序,不少于4 h;正常飞行程序指挥,不少于20 h;应急飞行程序指挥,包括规避航空器、发动机故障、链路丢失、应急回收、迫降等,不少于20 h;任务执行指挥,不少于4 h(本条内容不包含针对驾驶员的要求)。

②对于驾驶员:飞行前检查,不少于4 h;正常飞行程序操作,不少于20 h;应急飞行程序操作,包括发动机故障、链路丢失、应急回收、迫降等,不少于20 h。

③对于教员:教员等级合格证申请人应具有100 h操纵其申请的类别及级别等级航空器并担任机长的飞行经历时间。教员等级合格证申请人应接受不低于20 h实践飞行训练。

(7)飞行技能考试的要求:

①考试员应由局方认可的人员担任。

②用于考核的无人机系统由执照申请人提供。

③考试中除对上述训练内容进行操作考核,还应对下列内容进行充分口试:

a. 所使用的无人机系统特性;

b. 所使用的无人机系统正常操作程序;

c. 所使用的无人机系统应急操作程序。

(8)对航空知识的要求:

①了解民用无人机驾驶员管理和民用无人机运行有关的中国民用航空规章。

②气象学,包括识别临界天气状况,获得气象资料的程序以及航空天气报告和预报的使用。

③航空器空气动力学基础和飞行原理。

④无人机主要系统,导航、飞控、动力、链路、电气等知识。

⑤无人机系统操作程序以及通用应急操作程序。

⑥所使用的无人机系统特性,包括起飞和着陆要求;性能:飞行速度、典型和最大爬升率、典型和最大下降率、典型和最大转弯率、其他有关性能数据(例如风、结冰、降水限制)、航空器最大续航能力。

(9)对植保无人机运行相关知识的要求:开始作业飞行前应当完成的工作步骤,包括作业区的勘察;安全处理有毒药品的知识及要领和正确处理使用过的有毒药品容器的办法;农药与化学药品对植物、动物和人员的影响和作用,重点在计划运行中常用的药物以及使用有毒药品时应当采用的预防措施;人体在中毒后的主要症状,应当采取的紧急措施和医疗机构的位置;所用无人机的飞行性能和操作限制;安全飞行和作业程序;喷洒限制;喷洒记录保存;植保作业负责人的任务与职责。

(10)飞行技能与经历要求:

①飞行前准备,包括气象判断、飞行空域与飞行计划申报、质量和平衡的计算、动力系统相关的准备、地面控制站的设置及起飞前无人机系统检查。

②起飞、着陆和复飞,包括正常、有风和倾斜地面的起飞与着陆。

③视距内机动飞行;机场和起落航线的运行。

④应急程序,包括飞行平台操纵系统故障、动力系统故障、数据链路故障、地面控制站故障及迫降或应急回收。

⑤飞行程序指挥及任务执行指挥。

⑥航路航线的规划、实施及修改。

⑦地面滑行。

⑧临界小速度飞行,判断并改出从直线飞行和从转弯中进入的临界失速及失速。

⑨最大性能(短跑道和越障)起飞,短跑道或松软跑道着陆。

⑩悬停,包括无人机平台正前方朝向不同方向时的悬停。

⑪以所需最小动力起飞和着陆,最大性能起飞和着陆;在涡环初始阶段的识别及改出;模拟单个动力轴动力失效时的应急操纵程序。

⑫旋翼及螺旋桨动力切换故障处理或传动装置和互连式传动轴故障处理。

⑬以无人机的最大起飞全质量完成起飞、作业线飞行等操作动作;最大性能(越障)起飞;识别漏气现象;轻着陆。

(11)对于飞行技能考试的要求:

①考试员应有局方认可的人员担任。

②用于考核的无人机系统由执照申请人提供。

③考试中除对上述训练内容进行操作考核外,还应对下列内容进行充分口试。

a. 所使用的无人机系统特性;

b. 所使用的无人机系统正常操作程序;

c. 所使用的无人机系统应急操作程序。

(12) 对驾驶员合格证和等级的要求：

①驾驶员合格证，担任操纵无人机必需成员并负责飞行操纵与安全的驾驶员，应当持有按《民用无人机驾驶员合格审定规则》(T/AOPA 0008—2019)颁发的有效驾驶员合格证，并且在行使相应权利时随身携带该合格证。

②机长等级，担任操纵无人机必需成员并负责无人机系统运行和安全的驾驶员，应当持有按《民用无人机驾驶员合格审定规则》(T/AOPA 0008—2019)颁发的具有机长等级的驾驶员合格证，并且在行使相应权利时随身携带该合格证。

③教员等级，是按《民用无人机驾驶员合格审定规则》(T/AOPA 0008—2019)颁发的具有教员等级的驾驶员合格证的人员，行使教员权利应当随身携带该合格证。

④未具有教员等级的驾驶员合格证持有人不得从事下列活动：向准备获取单飞资格的人员提供训练；签字推荐申请人获取驾驶员合格证或增加等级所必需的实践考试；签字推荐申请人参加理论考试或实践考试未通过后的补考；签署申请人的飞行经历记录本。

⑤按照《民用无人机驾驶员合格审定规则》(T/AOPA 0008—2019)颁发的驾驶员合格证有效期为两年，合格证持有人在有效期满后不得继续行使该合格证赋予的权利。

⑥合格证持有人应在合格证有效期满前3个月内向无人机管理办公室申请重新颁发合格证。申请颁发流程为登录依据《轻小无人机运行规定》(AC-91-FS-2015-31)批准的无人机云系统、在线申请合格证更新、通过无人机管理办公室组织的实践考试、换发新证。

⑦合格证在有效期内因等级或备注等信息发生变化重新颁发时，其有效期自重新颁发之日起计算。

⑧合格证过期的申请人须重新通过相应的理论及实践考试方可申请重新颁发合格证。

⑨在按规则颁发的合格证上更改个人信息，应当向办公室提交书面申请，申请书应当附有该申请人现行合格证、身份证复印件和证实这种改变的其他文件。

⑩按规则颁发的合格证遗失或者损坏后，申请人可以向办公室申请补发，申请应当写明遗失或者损坏合格证的持有人姓名、有效通信地址、联系方式，以及合格证的编号、等级、类别及级别等级、颁发日期和附加的等级与签注。

思 考 题

1. 简述国内无人机法规的发展历程。
2. 国外无人机相关法规有哪些？
3. 什么是控制站？
4. 什么是机场净空区？
5. 中国无人机监管相关文件有哪些？

第6章 模拟器

学习目标

一、知识目标

1. 了解模拟器的概念；
2. 理解无人机驾驶模拟器的组成；
3. 理解美国手与日本手的区别。

二、能力目标

1. 能够进行系统初始设置；
2. 能够进行遥控器的配置；
3. 能够进行遥控器的校准；
4. 能够进行场地及模型选择。

三、素养目标

1. 具有爱岗敬业、谨慎细致、高效务实、团结协作的职业态度；
2. 具有良好的科学文化素质、专业业务素质和科学创新的意识；
3. 通过学习养成积极思考问题、自主学习和解决问题的习惯与能力。

6.1 模拟器简介

6.1.1 模拟器的概念

模拟器，顾名思义是通过对真实事物或过程的虚拟而制作的仪器。根据此原理制作的软件又可称为模拟程序，是指主要透过软件模拟硬件处理器的功能和指令系统的程序使计算机或其他多媒体平台（掌上电脑、手机）能够运行其他平台上的软件。下面就以一款模拟程序——凤凰驾驶模拟器为例进行介绍的。

6.1.2 驾驶模拟器

驾驶模拟器是一种驾驶训练的教学设备。它利用虚拟现实仿真技术营造一个虚拟的驾驶训练环境，人们通过模拟器的操作部件与虚拟的环境进行交互，从而进行驾驶训练。凡是用来"驾驶"的模拟设备，都可以称为驾驶模拟器，如图6-1所示。

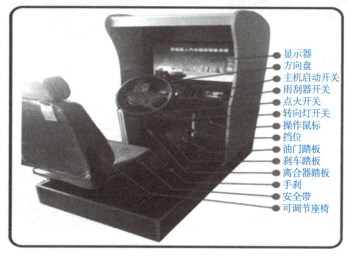

模拟器简介

图 6-1　驾驶模拟器

1. 驾驶模拟器的作用

驾驶模拟器"克隆"真实环境，能够消除驾驶初学者的恐惧心理，适时规范驾驶者的操作，为驾驶培训提供有力帮助；使用驾驶模拟器进行训练可以减少1/3的实际训练时间，减少事故发生，减少环境污染，减少实体油耗、磨损及教练的指导时间；另外，驾驶模拟器可以在室内进行，不受天气、时间等的影响，便于管理和维护，因而维护费用也可以降低许多。

驾驶模拟器具有再现性高、安全性高、成本相对低的优点。

2. 驾驶模拟器的应用

广义上的驾驶模拟器包括汽车驾驶模拟器、飞机驾驶模拟器、船舶驾驶模拟器等，应用场景如图6-2～图6-5所示。

图 6-2 驾驶模拟器地面驾驶训练

图 6-3 驾驶模拟器地面模拟飞行训练

图 6-4 太空飞船模拟器宇航员训练模拟器驾驶模拟器宇航员模拟训练

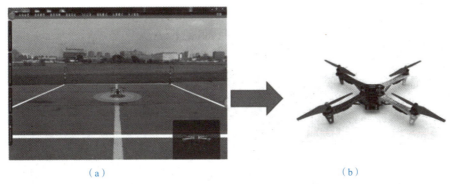

图 6-5 驾驶模拟器无人机驾驶员模拟训练
(a)模拟器模拟飞行;(b)微小型飞机带飞

6.2 无人机驾驶模拟器

无人机模拟器训练是从事无人机飞行人员考取无人机飞行执照的第一步练习,如同载人机飞行员要经过大量模拟器练习后才能驾驶真机飞上天空一样,无人机飞行员在实际操控无人机飞行练习前也要经过模拟器的练习。这种练习是在室内通过遥控器连接计算机上运行的模拟软件进行的,目的是建立操控无人机的基本条件反射和手指的肌肉记忆,帮助初学者培养正确的打舵方向和打舵时机,如此可以大大节约入门的时间和成本,顺利掌握无人机操控技术。

在此,首先以市场上常用的凤凰模拟器为例加以讲解,凤凰模拟器软件 5.0 可自行下载安装。

无人机驾驶模拟器严格来说分为模拟程序(软件)和遥控器两部分,习惯上将遥控器部分称为模拟器。下面分别加以介绍。

无人机驾驶模拟器

6.2.1 飞机驾驶模拟器组成

飞机驾驶模拟器由模拟座舱、运动系统、视景系统、计算机系统、教员控制台五部分组成。

1. 模拟座舱

训练用飞行模拟器的模拟座舱,其内部的各种操纵装置、仪表、信号显示设备等与实际飞机几乎完全相同,它们的工作、指示情况也与实际飞机相同。因此,飞行员在模拟座舱内,就像在真飞机的座舱之中。飞行员操纵各种操纵设备(驾驶杆、油门、开关等)时,不但各种仪表、信号灯能相应工作,而且还能听到相应设备发出的声响(如发动机的轰鸣声,收放起落架的声音等)及外界环境的声音(如机体与气流的摩擦声、雷雨声等)。同时,飞行员的手和脚上还能有因操纵飞机而产生的力感。模拟座舱如图 6-6 所示。

图 6-6 模拟座舱

2. 运动系统

运动系统是用来模拟飞机的姿态及速度的变化,以使飞行员的身体感觉到飞机的运动。先进的飞行模拟器,其运动系统具有 6 个自由度,即在三维坐标中绕 3 个轴的转动及沿 3 个轴的线位移。它主要有 6 个液压伺服作动筒(或 6 个电动作动筒)及其所支撑的平台,模拟座舱就安装在平台之上。6 个作动筒协同运动就可驱动平台并使座舱模拟出飞机的运动变化情况,如图 6-7 所示。

图 6-7 运动系统模拟器

3. 视景系统

视景系统是用来模拟飞行员所看到的座舱外部的景象,从而使飞行员判断出飞机的姿态、位置、高度、速度及天气等情况。先进的视景系统使用计算机来产生座舱外部的景象,然后通过投影、显示装置显示出来,如图 6-8 所示。

4. 计算机系统

计算机系统是飞行模拟器的神经中枢。飞行模拟器就是一个实时性要求很高、交流的信息量很大、精度要求较高的实时仿真控制系统。计算机系统承担着整个模拟器各个系统的数学模型的解算与控制任务。现代的飞行模拟器通常都是由若干台计算机联合组成一个网络，各计算机既分别处理不同的信息，相互之间又不断地进行信息交流，从而使整个模拟器协调一致地运行，如图6-9所示。

图6-8 视景系统模拟器

图6-9 计算机系统

5. 教员控制台

教员控制台是飞行模拟器的监控中心，主要用来监视和控制飞行训练情况。它不但能及时显示飞机飞行的各种参数（高度、速度、航向、姿态等）、飞机飞行的轨迹，而且能设置各种飞行条件（风速、风向、气温、气压、起始位置等）。另外，还能设置各种故障，以训练飞行员的判断与处理故障的能力。先进的教员控制台还具有维护检测、考核、鉴定等功能，如图6-10所示。

6.2.2 遥控器

遥控器用于将手动操纵信号转换成无线电信号，发射给受控设备，操纵受控设备按照手动意图进行运动。常见的遥控器如图6-11所示。

图 6-10 教员控制台

图 6-11 常见遥控器

6.2.3 日本手与美国手

经常使用的遥控器有日本手和美国手之分,这是根据不同国家的操纵习惯设置的。

1. 日本手

日本手(右手油门)——左手升降舵和方向舵,右手油门和副翼,如图 6-12 所示。

2. 美国手

美国手(左手油门)——左手油门和方向舵,右手升降舵和副翼,如图 6-13 所示。

第6章 模拟器 111

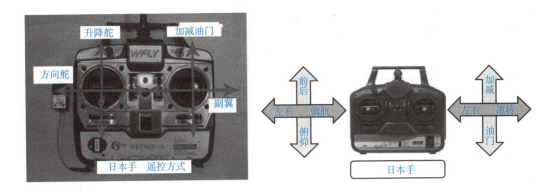

图 6-12 日本手遥控器与飞行姿态

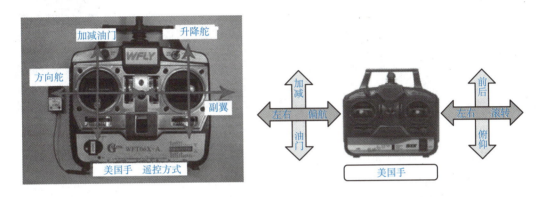

图 6-13 美国手遥控器与飞行姿态

注：副翼、升降舵、油门、方向舵都是针对固定翼来讲的。对于多旋翼和直升机，副翼控制左右方向的移动，升降舵控制前后方向的移动，油门控制飞机的上升和下降，方向舵则是控制机头指向，改变航向。

对于"美国手"和"日本手"操作方式上并没有太大区别，只是因个人习惯而异。对于多旋翼的飞行，建议采用"美国手"更加直观，上手更快。对于固定翼的飞行，建议采用"日本手"操作更加细腻，操作更加精准（另外还有"中国手"，也称"反美国手"，用的人比较少，此处不再赘述）。

6.3 遥控器测试

6.3.1 系统初始设置

(1) 运行模拟训练软件，在弹出的系统更新对话框中单击"否"按钮，如图 6-14 所示。

无人机模拟器的
安装与调试

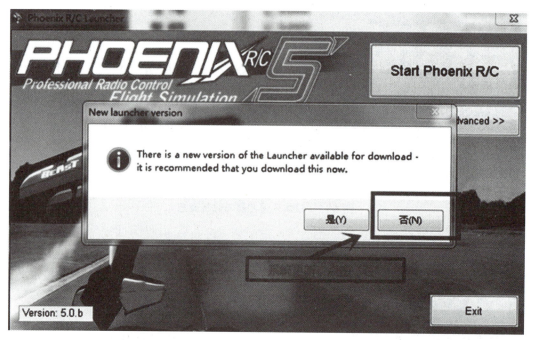

图 6-14　在系统更新对话框中单击"否"按钮

(2) 出现图 6-15 所示对话框，询问是否下载，单击"否"按钮继续运行。

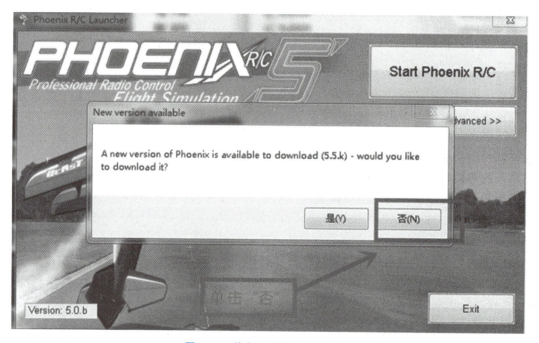

图 6-15　单击"否"按钮继续运行

(3) 出现图 6-16 的界面，单击"Start Phoenix R/C"按钮开始运行凤凰模拟训练软件。

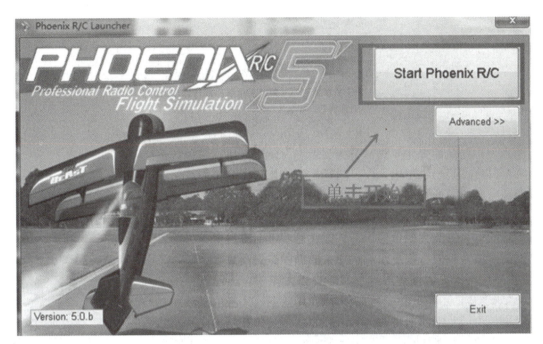

图 6-16　单击"Start Phoenix R/C"按钮开始运行凤凰模拟训练软件

(4) 在凤凰模拟训练软件运行语言选择界面，选择"Chinese_GB"(汉语)，单击"确定"按钮即可，如图 6-17 所示。

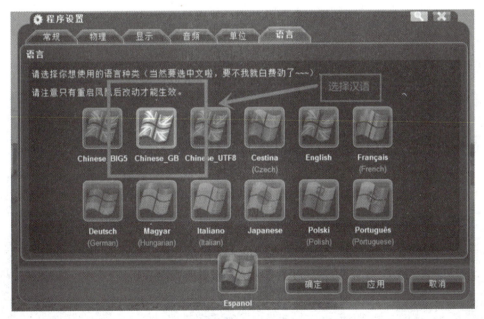

图 6-17　选择"Chinese_GB"(汉语)

(5) 选择语言后出现"初始设置 Wizard"面板，单击"下一步"按钮，如图 6-18 所示。

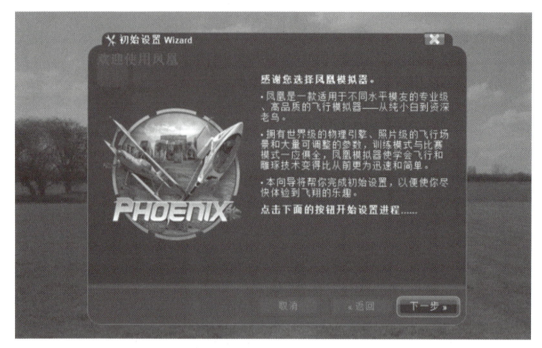

图 6-18 "初始设置 Wizard"面板

6.3.2 遥控器的配置

选择语言运行及"初始设置 Wizard"后，进入飞机模型选择界面。首先出现图 6-19 所示的"模型选择"面板。

(1)根据训练需要选择对应的飞机模型，如图 6-19 所示。

图 6-19 "模型选择"面板

(2)连接遥控器。如果没有连接好会出现图 6-20 所示的"USB 加密狗没有连接"提示。

图 6-20 "USB 加密狗没有连接"面板

(3)连接上遥控器后,单击"系统设置",选择"配置新遥控器"进行遥控器配置,如图 6-21 所示。

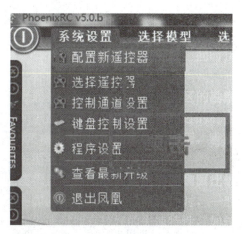

图 6-21 "系统设置"面板

(4)配置好新遥控器后,出现"设置新遥控器"面板,单击"下一步"按钮,开始设置新遥控器,如图 6-22 所示。

(5)设置好新遥控器后完成下列操作:

①在遥控器中为凤凰创建一个新的、空白的模型。

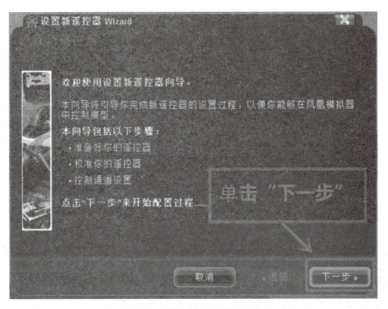

图 6-22 "设置新遥控器"面板

②将遥控器设定为 PPM 调制模式。

③将遥控器设定为直升机模式。

④关闭十字盘/CCPM 混控功能。

以上 4 个步骤完成后,单击"下一步"按钮,进入遥控器校准,如图 6-23 所示。

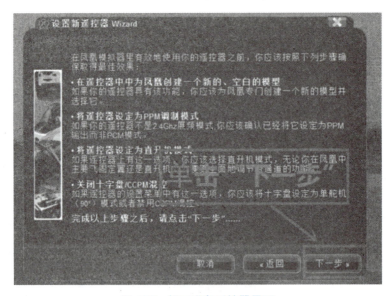

图 6-23 提示准备遥控器界面

6.3.3 遥控器的校准

校准遥控器主要是校准摇杆、开关、通道。

(1)当遥控器各个功能已设置为默认；微调按钮已置入中立位置；将遥控器所有摇杆置于中立；移动遥控器的所有摇杆到最大位置时，可以单击"下一步"按钮，开始校准遥控器，如图 6-24 所示。

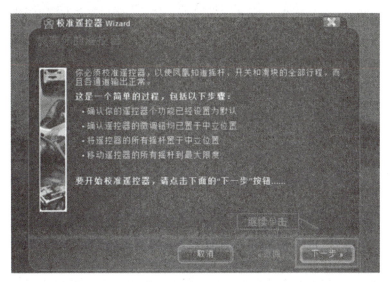

图 6-24　提示校准遥控器界面

(2)校准遥控器各功能设置为默认界面，如图 6-25 所示，单击"下一步"按钮。

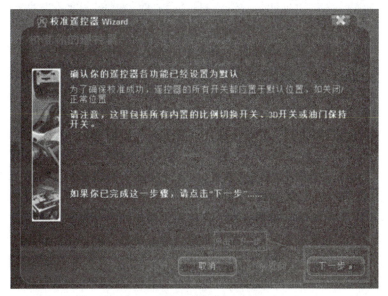

图 6-25　遥控器功能设为默认界面

(3)将遥控器的操作杆恢复到中立位置后，单击"下一步"按钮，继续对遥控器进行校准，如图 6-26 所示。

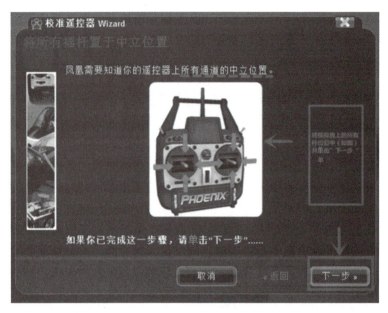

图 6-26　遥控器操作杆置于中立位置

（4）分别缓慢、完整地操控遥控器的摇杆顺时针画圆，并确保摇杆触及到位，确保摇杆的最大行程，观察遥控器摇杆校准准确，如图 6-27 所示。

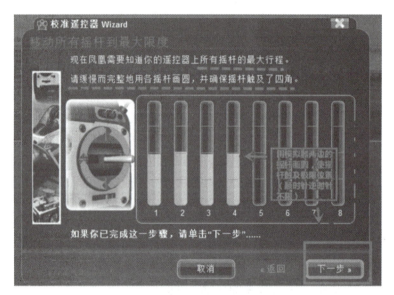

图 6-27　遥控器摇杆行程校准

（5）如训练的是固定飞机或起落装置可收放的多旋翼，请设置起落装置收放开关和襟翼收放开关，若没有可以选择跳过，然后单击"下一步"按钮继续校准，如图 6-28 所示。

（6）校准完毕后，要进行校准效果检查。检查方法是操作遥控器的摇杆、开关、旋钮，观察训练面板上对应的显示条是否同步运行。若不能，则需要重新对遥控器进行校准，如图 6-29 所示。

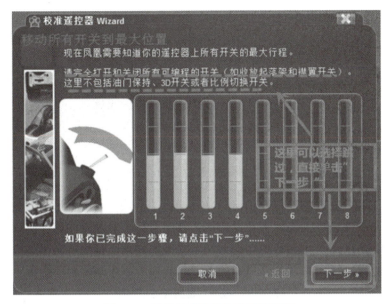

图 6-28　起落架或襟翼校准开关设置

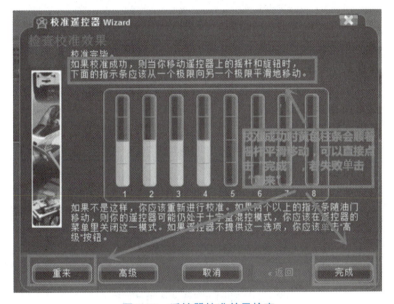

图 6-29　遥控器校准效果检查

（7）校准效果检查完毕，出现图 6-30 所示的界面，单击"下一步"按钮，进入"控制通道设置 Wizard"界面。

（8）进入"控制通道设置 Wizard"界面后，出现图 6-31 所示的界面，选择与自己使用的遥控器的控制方式和操作习惯最为接近的一个选项（如 Futaba），单击"下一步"按钮；如没有则不用选择，直接单击"下一步"按钮，进入"创建配置文件"界面。

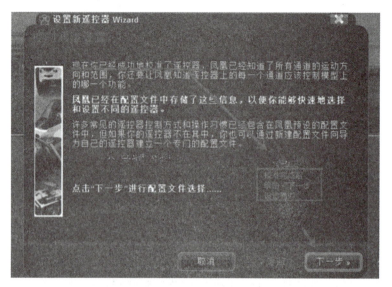

图 6-30　校准效果检查完毕界面

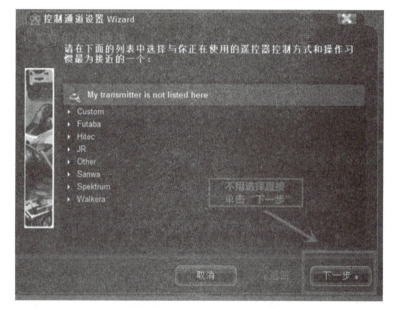

图 6-31　控制方式或操作习惯选择

6.3.4　模型及场地选择

1. 模型选择

(1)单击"选择模型",在出现的下拉菜单中根据练习需要选择"更换模型",进入更换模型界面,如图 6-32 所示。

图 6-32　更换模型界面

(2) 进入"更换模型"界面，根据练习需要选择多旋翼模型 360-QX，单击"完成"按钮，如图 6-33 所示。

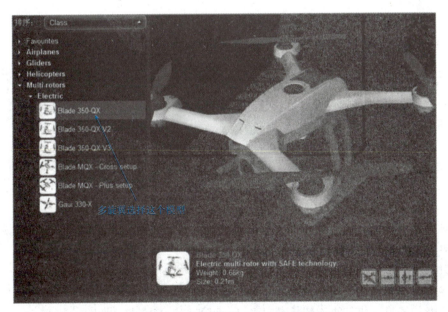

图 6-33　多旋翼模型 360-QX 选择界面

(3) 进入"更换模型"界面，根据练习需要，选择固定翼模型 Wat4，单击"完成"按钮，如图 6-34 所示。

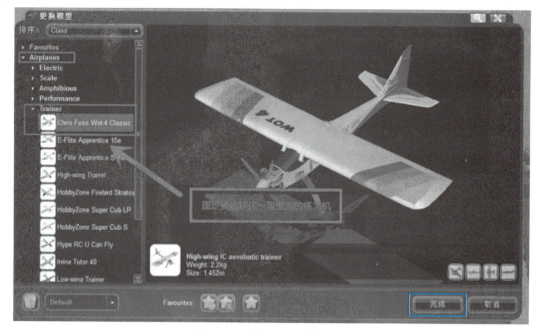

图 6-34 更换固定翼模型界面

2. 场地选择

(1)"更换场地"界面如图 6-35 所示。单击"选择场地",在出现的下拉菜单中选择"更换场地"即可。

图 6-35 "更换场地"界面

(2)进入"更换飞行场地"界面,在下拉菜单中选择"Aero-club Oldesloe",出现图 6-36 所示的界面。

(3)选择场地的依据及标准。

①多旋翼选择场地的依据及标准。多旋翼选择场地范围较小,尽量选择地面与天空颜色较为清晰的场景,使其能达到长时间飞行,而不产生视疲劳,如图 6-37 所示。

②固定翼选择场地的依据及标准。固定翼选择较为广阔的场地,周围无障碍物,场地上下颜色对比鲜明,容易判断飞机姿态位置。

③单击"选择场地",在下拉菜单中选择"场地布局",在场地布局下拉菜单中选择"F3C 方框",即可出现需要的多旋翼训练场地界面,如图 6-38 所示。

图 6-36 "Aero-club Oldesloe"界面

图 6-37 多旋翼场地选择实例

图 6-38 选择场地

思 考 题

1. 什么是模拟器?
2. 驾驶模拟器有哪些作用?
3. 飞机驾驶模拟器由哪些部分组成?
4. 什么是美国手?什么是日本手?
5. 简述美国手与日本手的区别。

第7章 无人机模拟飞行训练

学习目标

一、知识目标

1. 了解多旋翼悬停模拟训练；
2. 理解多旋翼单通道模拟训练；
3. 了解多旋翼平移模拟训练；
4. 掌握四位、八位悬停的方法。

二、能力目标

1. 会八位悬停；
2. 会四位悬停；
3. 会"8"字飞行技能。

三、素养目标

1. 具有爱岗敬业、谨慎细致、高效务实、团结协作的职业态度；
2. 具有良好的科学文化素质、专业业务素质和科学创新的意识；
3. 具有按照标准流程操作练习的能力；
4. 具有发现问题、分析问题和解决问题的能力，以及理论联系实际的能力。

基本悬停技能

7.1 多旋翼悬停模拟训练

7.1.1 控制通道基础知识

1. 4个舵面的含义

(1)副翼控制飞行器的左右平移运动，机头不偏转，飞行器绕自身纵轴旋转；
(2)俯仰控制飞行器的前后平移运动，飞行器绕自身横轴旋转；

(3)油门控制飞行器的上下平移运动,飞行器离地的高度发生变化;

(4)方向控制飞行器的偏航旋转运动,飞行器绕自身立轴旋转。

俯仰、方向舵面与汽车的哪个操作类似?哪几个舵面是汽车所不具备的?俯仰控制类似汽车的前进、后退,方向控制类似汽车的方向盘。

2. 4个舵面对应的摇杆

美国手:副翼→J1摇杆,升降→J2摇杆,油门→J3摇杆,方向→JA4摇杆。

日本手:副翼→J1摇杆,升降→J3摇杆,油门→J2摇杆,方向→J4摇杆。

3. 通道的顺序

副翼→第1通道,升降→第2通道,油门→第3通道,方向→第4通道(简称副升油方),螺距(直升机)→第6通道。

7.1.2 训练内容

1. 八位悬停位置

八位悬停训练位置,如图7-1所示。

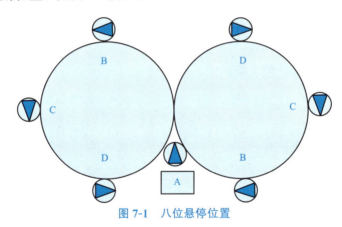

图7-1 八位悬停位置

2. 学习安排

(1)用模型飞机分别练习对尾、对头、左侧、右侧位悬停状态操作,如图7-2所示。

图7-2 对尾、对头、左侧、右侧位悬停

(2)用模型飞机分别演示45°悬停的4种状态,每个姿态均是以机头朝向的位置来判断的,如图7-3所示。

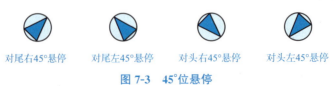

图7-3 45°位悬停

(3)在飞机以机头向右的状态从左向右飞行的过程中,从左到右这五个位置相对于操作者姿态的变化过程,如图 7-4 所示。

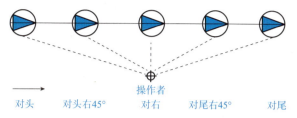

图 7-4　从左向右飞行与操作者姿态变化

当飞机在左侧远端的时候,操作者看到最多的是机头的范围,而机身的侧面看到得很少,这个时候可以把此刻的姿态理解为对头。在飞机保持同一姿态慢慢向操作者靠近的过程中,看见机身的侧面越来越多,机身相对于操作者也慢慢地转变成为侧面姿态。这就是随着飞机和操作者位置的变化,即使飞机的姿态没有发生变化,但是相对于操作者,飞机姿态永远都是在一个动态变化的过程中。

(4)在飞机以对头姿态从左侧向右侧平移飞行过程中,相对于操作者姿态的变化过程,如图 7-5 所示。

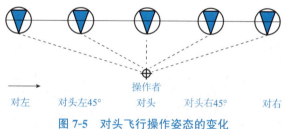

图 7-5　对头飞行操作姿态的变化

任何一种姿态都不是孤立的,它永远处于转换过程中,所以,对于姿态的转换要随时能够判断。

7.2　多旋翼通道模拟训练

7.2.1　训练目标

能在每个单通道下把飞机停在此通道运动方向上的任何点。
建议课时:2 学时。
教具准备:模拟器、计算机。
(1)以副翼通道为例:能够将飞机稳定地停留在点 1、2、3、4、5 上。
(2)在俯仰通道上也可以将飞机稳定地停留在图示的 1、2、3、4、5 上,如图 7-6 所示。
(3)能够在双通道下把飞机缓慢地做米字平移,即 A→A_1,B→B_1,C→C_1,D→D_1,如图 7-7 所示。
(4)能够在其他 3 种姿态下同样完成平移控制。

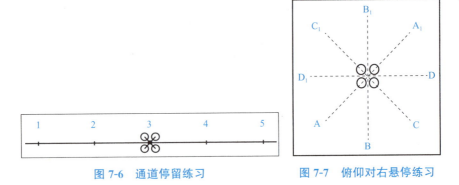

图 7-6　通道停留练习　　　　图 7-7　俯仰对右悬停练习

7.2.2　训练内容

进入模拟器悬停训练的单通道模式,如果选择直升机,请把模拟速度改为 70,多旋翼保持值 100。

1. 副翼单通道练习

(1)如图 7-8 所示,副翼在对尾悬停姿态,飞机向左运动,副翼应向右修舵,飞机向右运动,副翼应向左修舵。

副翼单通道练习

图 7-8　对尾悬停副翼舵修正练习

(2)如图 7-9 所示,副翼在对头悬停姿态模式下,飞机向右运动,副翼应向右修舵,飞机向左运动,副翼应向左修舵。

图 7-9　对头悬停副翼舵修正练习

(3)如图 7-10 所示,副翼在对左悬停姿态模式下,飞机远离自己而去,副翼向左侧修舵,飞机靠近自己而来,副翼向右侧修舵。

图 7-10　对左悬停副翼舵修正练习

(4)如图 7-11 所示,副翼在对右悬停姿态模式下,飞机远离自己而去,副翼应向右侧修舵,飞机靠近自己而来,副翼应向左侧修舵。

图 7-11　对右悬停副翼舵修正练习

2. 俯仰单通道练习

(1)如图 7-12 所示,俯仰在对尾悬停姿态模式下,飞机向前运动,俯仰应向后拉舵,飞机向后运动,俯仰应向前推舵。

图 7-12　俯仰对尾练习

俯仰单通道练习

（2）如图7-13所示，俯仰在对头悬停姿态模式下，飞机远离自己而去，俯仰应向前推舵，飞机靠近自己而来，俯仰应向后拉舵。

图7-13　俯仰对头练习

（3）如图7-14所示，俯仰在对左悬停姿态模式下，飞机向左运动，俯仰应向后拉舵，飞机向右运动，俯仰应向前推舵。

图7-14　俯仰对左悬停练习

（4）如图7-15所示，俯仰在对右悬停姿态模式下，飞机向左运动，俯仰应向前推舵，飞机向右运动，俯仰应向后拉舵。

图7-15　俯仰对右悬停练习

①在对尾状态下,副翼的修正方向与飞机漂移方向相反;在对头状态下,副翼的修正方向与飞机漂移方向相同(想象成自己坐在飞机里)。

②无论在什么状态下,推俯仰舵,飞机是低头,拉俯仰舵,飞机是仰头。这是操作的第一步,一定要去体会操作的两大原则——细腻和提前。

③一旦飞机偏离中心位置,不要急着把飞机一下子拉回来,而是应偏到哪就先在哪稳定住,之后再慢慢拉回来。

④用眼睛看见飞机姿态发生变化时再修舵已经晚了,应相信直觉对飞机姿态的判断,在飞机姿态变化前修舵才是正好的时机。

双通道练习

7.2.3 带油门通道的悬停练习

1. 学习目标

能够在所有通道情况下把飞机停在②内,如图 7-16 所示。保持 10 s 以上,高度 2 m(旗杆高度)。

带油门通道的练习

图 7-16 飞机悬停②内练习

2. 对尾悬停姿态

图 7-17 所示为飞机的对尾悬停姿态。飞机在 A、B、C、D 四点保持悬停。

(1)飞机在悬停时,可以分为 4 个等级:在 A 点内悬停时,可以定义为优;在 B 点内悬停时,可以定义为良;在 C 点内悬停时,可以定义为合格;在 D 点外悬停时,可以定义为不合格。

(2)飞机在训练对尾悬停时,首先要学习使用油门舵,让飞机平稳地爬升到一定高度悬停,在这个过程中油门是基础。

(3)当飞机起飞以后,会在三维空间内的任一方向飘动,这时就应结合升降杆和副翼杆,把飞机悬停到要求的框内。

(4)当要想把飞机悬停在 A 点时,就要求眼睛和手的配合,每当感受到飞机即将要飘走之前,就将其拉回来,平稳而迅速地完成这个过程。

(5)在飞机的对尾悬停中,前后、左右运动和自己所处的环境的动态是一样的,所以,对尾悬停也是最容易的一个姿态。

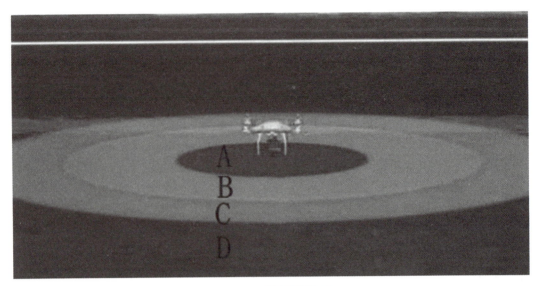

图 7-17 对尾悬停练习

3. 对头悬停姿态

图 7-18 所示为飞机的对头悬停姿态。飞机在 A、B、C、D 四点保持悬停。

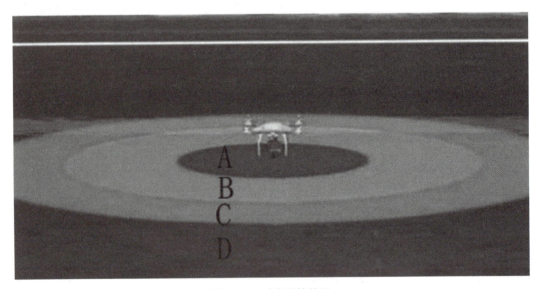

图 7-18 对头悬停练习

(1)飞机的对尾训练学习完毕以后,接下来就是对头悬停训练的练习,对头悬停的练习是基于对尾悬停的基础之上。

(2)将飞机对尾悬停平稳以后,旋转 180°得到的就是对头。在这个旋转过程中,要注意使飞机飞行平稳,不要让它有大的姿态角,以免伤到自己。

(3)升降杆和副翼杆都是反的,也就是运动方向朝哪边移动,就朝哪个方向打舵。这个规律很重要,当飞机有向左飘动的趋势时,一定迅速压左副翼抑制飞机的这种往左的运动趋势。当飞机往后运动的趋势时,一定迅速地往后拉俯仰舵抑制飞机这种往后的运动趋势。当然这个规律在开始阶段可以帮助操作者来迅速判断,最终希望操作者能够达到一种熟练的本能反应。

(4)在练习对头悬停过程中最易出现的错误是对头时推升降杆,飞机冲自己飞来。

4. 对右悬停姿态

(1)飞机的对右悬停同样也是基于对尾悬停的基础之上,将飞机的对尾悬停稳住,顺时针旋转90°,就可得到对右悬停。

(2)在对右悬停这个过程中,特别要注意错舵,会产生分不清前后左右,所以可先微微侧身,身体朝向机头的方向,有点微微对尾的感觉,以帮助迅速判断打舵的方向。

5. 对左悬停姿态

如图7-19所示,对左悬停姿态,飞机在A、B、C、D四点保持悬停。

图7-19　对左悬停练习

(1)飞机的对左悬停同样也是基于对尾悬停的基础之上,将飞机的对尾悬停稳住,逆时针旋转90°,就可得到对左悬停。

(2)对左悬停训练的练习,可以对照对右悬停的方法练习。

6. 对尾左45°悬停姿态

图7-20所示为飞机的对尾左45°悬停姿态。飞机在A、B、C、D四点保持悬停。

(1)飞机的对尾左45°悬停姿态是在对尾的基础上,逆时针旋转45°,即对尾左45°悬停。

(2)在这个过程中要注意的是飞机在偏移的过程中,俯仰舵和副翼舵是相互配合完成,使得飞机悬停到A点上。

(3)对尾左45°悬停,一般就以对尾悬停的方式去修舵,不会出现错舵,关键是对尾45°悬停可能同时需要两个舵面去修正才能回到理想的位置。而单纯的对尾悬停可能仅仅每次只需要修正单个舵面就可以到达理想的位置。

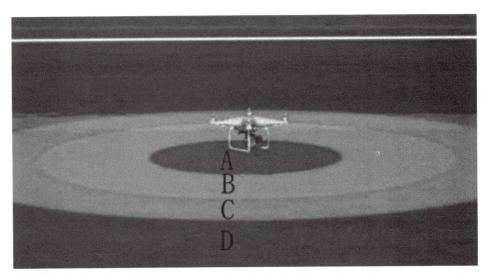

图 7-20　对尾左 45°悬停练习

7. 对尾右 45°悬停姿态

图 7-21 所示为飞机的对尾右 45°悬停姿态。飞机在 A、B、C、D 四点保持悬停。

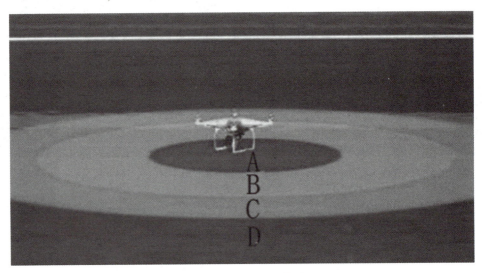

图 7-21　对尾右 45°悬停练习

(1) 飞机的对尾右 45°悬停姿态是在对尾的基础上,顺时针旋转 45°,即对尾右 45°悬停。

(2) 在这个过程中要注意的是飞机在偏移的过程中,升降舵和副翼舵是需要同时操作,才能使飞机悬停到 A 点上。

(3) 对尾右 45°悬停,参照对尾左 45°悬停的练习方式,在这里比单纯对尾控制更先进的是需要锻炼同时感受两个舵面的运动趋势来迅速修正的能力。这比单纯的四位悬停的修正又进了一步。

8. 对头右 45°悬停姿态

图 7-22 所示为飞机的对头右 45°悬停姿态。飞机在 A、B、C、D 四点保持悬停。

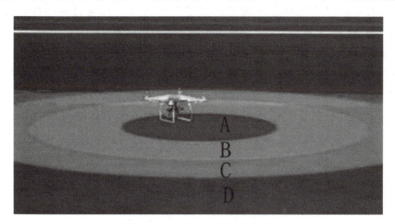

图 7-22　对头右 45°悬停练习

(1)飞机的对头右 45°悬停姿态是在对头的基础上，逆时针旋转 45°，即对头右 45°悬停。

(2)对头 45°悬停相对于对尾 45°稍难些，但有对头悬停作为基础，在飞机偏移的过程中，以对头的方式去修舵是不会出现错舵的。在 A 点悬停保持，以达到一个意识反应，对于美国手的操作者，可以尝试斜向打舵，来同时控制俯仰副翼舵面，打杆的方向与飞机的运动趋势一致。对于日本手的操作者，需要双手的同时协调。

9. 对头左 45°悬停姿态

图 7-23 所示为飞机的对头左 45°悬停姿态。飞机在 A、B、C、D 四点保持悬停。

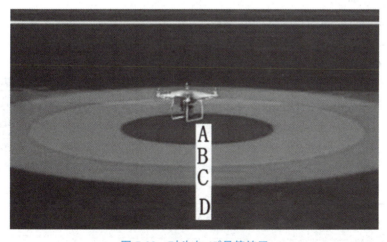

图 7-23　对头左 45°悬停练习

(1)飞机的对头左 45°悬停姿态是在对头的基础上，顺时针旋转 45°，即对头左 45°悬停。

(2)对头 45°悬停相对于对尾 45°稍难些。

(3)可以参照对头右 45°的练习方式，左右必须达到同样的熟练程度。

温馨提示

(1) 由于加入了油门通道和方向通道,之前建立起来的协调打舵的感觉会被打破,需要重新练习4个舵面的协调能力。

(2) 理解油门控制和副翼俯仰舵操作的差异性。

(3) 把飞机的漂移控制在方框范围内。思考一下在双通道的时候能把飞机稳定地控制在一个点附近,为什么加入油门和方向舵后,飞机却控制不住了?

(4) 把飞机的漂移控制在③范围内。能把飞机控制在③内,会发现油门舵面和副翼俯仰舵面的控制方法的共通点是什么?都需要什么?

7.3 多旋翼平移模拟训练

7.3.1 训练目标

1. 直向平移练习

(1) 能够将飞机在对尾姿态下按图7-24所示的路线进行匀速飞行:A→B→C→D→A。

(2) 在其他3种90°姿态下同样完成上面的轨迹运动。

2. 斜向平移训练

(1) 能够将飞机在对尾姿态下按照图7-25所示的路线进行匀速飞行:A→B→C→D→A。

(2) 在其他3种90°姿态下同样完成上面的轨迹运动。

(3) 体会斜向打舵的细腻、提前的感觉。

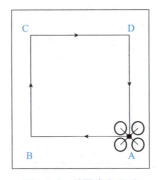

图 7-24 对尾直向平移

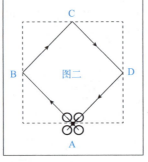

图 7-25 斜向平移练习

直向平移练习

7.3.2 训练内容

(1) 在A、B两点间横向平移,如图7-26所示。

① 调出模拟器场景中的F3C方框场地。

② 手动起飞,将飞机在A点悬停。

图 7-26 横向平移练习

③将飞机悬停在 A 点，保持飞行高度 2 m 不变，时间为 10 s。

④在 A 点悬停时，同时去观察 B 点的位置(将飞机从 A 点移动到 B 点，保持速度匀速缓慢很重要。此时控制速度的是副翼舵面)。

⑤将飞机匀速飞到 B 点悬停，这个过程保持高度，控制好飞机的速度(副翼舵)，用俯仰舵控制直线飞行轨迹的精确。

⑥飞机到 B 点悬停，高度为 2 m，悬停时间为 10 s。

(2) B、C 两点间竖向平移，如图 7-27 所示。

①在 B 点悬停的过程中，去观察 C 点的位置。

②将飞机匀速飞到 C 点悬停，这个过程保持高度，控制好飞机的速度(俯仰舵)，同时用副翼舵控制直线飞行轨迹的精确。

③将飞机悬停在 C 点，保持飞行高度 2 m 不变，时间为 10 s。

(3) C、D 两点间横向平移，如图 7-28 所示。

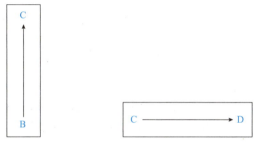

图 7-27　对尾竖向向上平移　　图 7-28　对尾横向向右平移

①在 C 点悬停的过程中，去观察 D 点的位置。

②将飞机匀速飞到 D 点悬停，这个过程保持高度，控制好飞机的速度(副翼舵)，用俯仰舵控制直线轨迹的精确。

③飞机到 D 点悬停，高度为 2 m，悬停时间为 10 s。

(4) D、A 两点间竖向平移，如图 7-29 所示。

①在 D 点悬停的过程，去观察 A 点的位置。

②将飞机匀速飞到 A 点悬停，这个过程保持高度，控制好飞机的速度(升降舵)。

③飞机到 A 点悬停，高度为 2 m，悬停时间为 10 s。

④将飞机从 D 点回到 A 点的时候要注意速度，减速，慢行，再回到 A 点悬停。

图 7-29　对尾竖向向下平移

小贴士

(1)飞机在直向运动时可以先压住主要方向舵面，另一个辅助舵面随时调整保持直线运动的精确。

(2)用其他 3 种姿态分段完成 A→B，B→C，C→D，D→A 的移动，其飞行的高度、速度是需要一直保持恒定的参数，每到一个点可以保持悬停 10 s。其中 BC 段俯仰舵和副翼舵的控制方式有什么不同？

(3)如果是90°姿态平移,那控制速度的是一个舵面,控制轨迹精确的是另一个舵面。如果是45°姿态平移,则需要同时用两个舵面来控制速度和轨迹的精确,不分主次。对于这两种情况,相同点是油门舵面时刻保持调整来控制飞行高度的一致。

(4)保持每个点停顿3 s连续移动。最终的练习效果是在移动过程中,能随时停留在某点,又能随时启动。

(5)A、B间斜向平移,如图7-30所示。

①手动起飞,将飞机在A点悬停。

②将飞机悬停在A点,保持飞行高度2 m不变,时间为10 s。

③在A点悬停时,同时去观察B点的位置。

④将飞机匀速飞到B点悬停,这个过程保持高度,控制好飞机的速度(俯仰舵与副翼舵)。

⑤将飞机悬停在B点,保持飞行高度2 m不变,时间为10 s。

(6)B、C间斜向平移,如图7-31所示。

①在B点悬停的过程,去观察C点的位置。

②将飞机匀速飞到C点悬停,这个过程保持高度,控制好飞机的速度(俯仰舵与副翼舵)。

③将飞机悬停在C点,保持飞行高度2 m不变,时间为10 s。

(7)C、D间斜向平移,如图7-32所示。

①在C点悬停的过程,去观察D点的位置。

②将飞机匀速飞到D点悬停,这个过程保持高度,控制好飞机的速度(俯仰舵与副翼舵)。

③将飞机悬停在D点,保持飞行高度2 m不变,时间为10 s。

(8)D、A间斜向平移,如图7-33所示。

①在D点悬停的过程,去观察A点的位置。

②将飞机匀速飞到A点悬停,这个过程保持高度,控制好飞机的速度(俯仰舵与副翼舵)。

③将飞机悬停在A点,保持飞行高度2 m不变,时间为10 s。

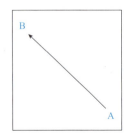 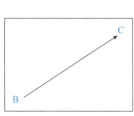 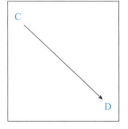 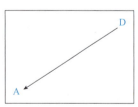

图7-30　左斜向上平移　　图7-31　右斜向上平移　　图7-32　右斜向下平移　　图7-33　左斜向下平移

7.4　四位悬停训练

7.4.1　训练目标

能够将飞机在中心②内四位悬停,每个位置停留1 s,高度为2 m。

7.4.2 训练内容

(1)图 7-34 所示为对尾起飞姿态。
(2)将飞机以对尾方式悬停在中心②内起飞,高度 2 m 不变,时间为 10 s。
(3)将飞机按照逆时针旋转 90°,平稳地旋转,不要出现大姿态角。
(4)机头向左悬停在中心②内,高度 2 m,保持 10 s,如图 7-35 所示。注意修左副翼舵。

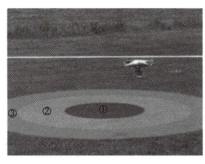

图 7-34　对尾起飞悬停练习　　图 7-35　机头向左悬停练习

(5)继续将飞机按逆时针旋转 90°。
(6)以对头姿态悬停在中心②内,高度 2 m,保持 10 s,如图 7-36 所示。注意推俯仰舵。
(7)继续将飞机按逆时针旋转 90°。
(8)机头向右侧悬停姿态停在中心②内,高度 2 m,保持 10 s,如图 7-37 所示。注意修右副翼舵。

图 7-36　对头悬停练习　　图 7-37　机头向右侧悬停练习

(9)继续将飞机按逆时针旋转 90°。
(10)飞机以对尾姿态悬停,就完成了四位悬停。
(11)重复以上步骤,把停留时间缩短在 5 s。5 s 时间一到,转换到下一个姿态,此时如果飞机在漂移当中,就在漂移当中边修正边转姿态。继续重复以上步骤,把停留时间缩短在 1 s。
(12)继续重复以上步骤,练习顺时针旋转。

7.5 八位悬停训练

7.5.1 训练目标

能够将飞机在中心②内八位悬停,每个位置停留 1 s,高度为 2 m。
建议课时:4 学时。
教具准备:模拟器、计算机。

认识八位悬停

7.5.2 训练内容

(1)如图 7-38 所示,对尾起飞姿态。
(2)将飞机以对尾方式悬停在中心②内,高度为 2 m,时间为 10 s。
(3)将飞机按照逆时针旋转 45°,飞机将以对尾的左 45°方式悬停在中心②内,高度为 2 m,保持 10 s,如图 7-39 所示。

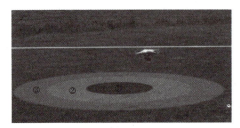

图 7-38 对尾起飞练习

图 7-39 对尾的左 45°悬停练习

(4)将飞机按照逆时针旋转 45°,机头向左悬停在中心②内,高度为 2 m,保持 10 s,如图 7-40 所示。注意调整左副翼。
(5)将飞机按照逆时针旋转 45°,飞机将以对头的左 45°方式悬停在中心②内,高度为 2 m,保持 10 s,如图 7-41 所示。

图 7-40 逆时针旋转 45°机头向左悬停练习

图 7-41 逆时针旋转 45°对头左 45°悬停练习

(6)将飞机按照逆时针旋转 45°,飞机以对头姿态悬停在中心②内,高度为 2 m,保持 10 s,如图 7-42 所示。注意调整俯仰舵。
(7)将飞机按照逆时针旋转 45°,飞机将以对头右 45°方式悬停在中心②内,高度为 2 m,保持 10 s,如图 7-43 所示。

图 7-42 逆时针旋转 45°对头姿态悬停练习

图 7-43 逆时针旋转 45°对头 45°悬停练习

（8）将飞机按照逆时针旋转 45°，飞机将以右侧悬停在中心②内，高度为 2 m，保持 10 s，如图 7-44 所示，注意调整右副翼舵。

（9）将飞机按照逆时针旋转 45°，飞机将以对尾的右 45°方式悬停在中心②内，高度为 2 m，保持 10 s，如图 7-45 所示。

图 7-44 逆时针旋转 45°右侧悬停练习

图 7-45 逆时针旋转 45°对尾 45°悬停练习

（10）将飞机按照逆时针旋转 45°，飞机将以对尾方式悬停在中心②内，高度为 2 m，保持 10 s，如图 7-46 所示。

（11）当飞机重新回到对尾状态，结束一个训练过程。

（12）重复以上步骤，把停留时间缩短在 5 s、1 s。

（13）重复以上步骤，把顺时针旋转的八位悬停练习停留时间缩短到 1 s。

考核：锻炼的就是 8 个姿态的熟练程度，短时间内能迅速地由一个姿态转换到另一个姿态。

图 7-46 逆时针旋转 45°对尾 45°悬停练习

7.6 "8"字飞行技能训练

7.6.1 训练目标

水平 8 字航点悬停练习：将飞机在 1—2—3—4—1—5—6—6—1 各点分别保持各自的姿态停留 5 s，高度为 2 m，如图 7-47 所示。

水平 8 字航点自旋练习：将飞机沿 1→2→3→4→1→5→6→7→1 轨迹运动，每个点处做一次自旋 360°，如图 7-47 所示。

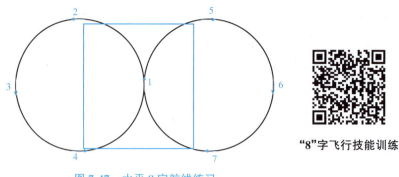

图 7-47 水平 8 字航线练习

水平 8 字航线练习：将飞机沿 1→2→3→4→5→6→7→1 轨迹连续运动，中间不停留，速度越慢越好，高度为 2 m。

7.6.2 训练内容

(1)在模拟器中调出 F3C 的方框场地。

(2)明确各个点的姿态情况：1 和 8 点是对尾姿态，2 和 7 点是对右悬停姿态，4 和 5 点是对左悬停姿态，3 和 6 点是对头悬停姿态。

(3)复习弧形轨迹的练习，体会俯仰舵和方向舵的协调配合。

(4)从 1 点出发，分别在其他各点以各自的姿态保持停留 5 s。经过几次飞行，会发现这个练习其实就是结合了米字平移和弧形轨迹练习。

(5)不断重复以上步骤，直至飞机可以随时停留在航线中任一点。

1. 训练内容一

(1)在模拟器中调出 F3C 的方框场地。

(2)从 1 点出发，到达 2 点后保持对左悬停姿态，然后原地自旋 360°一周；

(3)从 2 点继续出发，到达 3 点后保持对头悬停姿态原地自旋 360°一周；

(4)不断重复以上步骤，直至飞机完成第 7 点到第 1 点的运动。

温馨提示

(1)这项任务可以锻炼各个位置修舵的能力，做到修舵无死角，为之后飞行做好基础。

(2)360°自旋在各个方位(如远近、左右)会存在一定的视觉偏差，这个时候更能考验操作者观察飞机的方式。如果死盯着飞机，飞机肯定转着转着就跑偏了。只有边飞边用余光看着周围的参照物，一般是飞机下面的参照标志，把飞机不断地往参照物上靠，这样才能保证飞机在离自己不同位置的地方都能定点旋转。

2. 训练内容二

(1)在模拟器中调出 F3C 的方框场地。

(2)这个练习其实是由四个圆周航线变为两个圆周航线，左右两侧的圆周航线分别重合为一个。明白这点后，应该能更容易地来控制飞机了。

(3)从 1 点出发，缓慢连续不停顿地经过一个圆周重新回到 1 点停顿 5 s。

(4)从 1 点继续出发，同样要求完成另一侧的圆周运动。

(5) 不断重复以上步骤，直至飞机能够停留在航线中任一点，又能继续航线。

(6) 做8字航线练习中俯仰舵是第一位，控制飞行速度。方向舵是第二位，控制轨迹的形状。副翼舵是第三位，控制轨迹的精准。

(7) 8字飞行的重点就是控制住飞行速度，要均速，不能过快或过慢，在速度合理的前提下，靠方向舵的修整完全可以完美地完成8字飞行。

(8) 打舵的时机是要在有前进速度的情况下均匀地转方向舵，切不可在飞机原地不动的情况下转方向舵。

思 考 题

1. 简述4个舵面的含义。
2. 完成带油门通道的悬停练习。
3. 完成多旋翼平移模拟训练。
4. 完成四位悬停训练。
5. 完成八位悬停训练。

第8章　无人机组调实操训练

学习目标

一、知识目标

1. 熟知无人机组装常用工具；
2. 了解无人机的组成与材质；
3. 掌握无人机飞行测试的方法。

二、能力目标

1. 会组装F450支撑系统；
2. 会组装F450动力系统；
3. 会组装F450控制系统；
4. 能够对无人机飞行进行测试，并进行机动能力调整、定位定高能力调整、航线能力调整。

三、素养目标

1. 具有爱岗敬业、谨慎细致、高效务实、团结协作的职业态度；
2. 具有良好的科学文化素质、专业业务素质和科学创新的意识；
3. 培养理论联系实际的能力；
4. 养成对待学习及工作实事求是、精益求精的精神。

8.1　无人机组装常用工具

8.1.1　基本安全知识

1. 手动工具安全使用规范

（1）使用工具人员，必须熟知工具的性能、特点、使用、保管、维修及保养方法。
（2）各种施工工具必须是正式厂家生产的合格产品。

(3)工作前必须对工具进行检查,严禁使用腐蚀、变形、松动、有故障、破损等不合格工具。

(4)电动或风动工具在使用中不得进行修理。停止工作时,禁止把机件、工具放在机器或设备上。

(5)带有牙口、刃口的尖锐工具及转动部分应有防护装置。

(6)使用特殊工具时(如喷灯、冲头等),应有相应的安全措施。

(7)小型工器具放在工具袋中妥善保管。

2. 其他手动工具使用要求

(1)手动工具携带时应放在专用的套带里或工具袋、工具桶中,不要放在衣裤的口袋里,更不要插在腰带上。

(2)对暂时不用的工具,存放位置要得当,安放应平稳,使其不易脱落伤人,不要放在脚手架、架空的管道及机械的动部件上。

(3)作业人员之间应手递手地传递工具,不要抛掷;传递带有刃口的锋利工具时,要把柄部向着接收工具的人。

(4)对于撬棍之类须用肩扛的工具,在携带时要注意前后左右,使之不与其他物体和人员相碰,放下时要稳。

(5)携带有软线的轻便动力工具时,要注意保护好软线,使其远离尖锐物、热源、油或溶剂,以免损坏或软化绝缘。

3. 装配工具使用要求

装配工具通常指的是螺钉旋具、活络扳手、开口扳手、整体扳手、内六角扳手、套筒扳手、拔销器、斜键和轴承装卸工具等。

(1)扳手。扳手主要是用于旋紧六角形、正方形螺钉和各种螺母。使用时应根据螺钉、螺母的形状、规格及工作条件选用规格相适应的扳手去操作。

安全操作事项如下:

①由扳手体、固定钳口、活动钳口及蜗杆等组成的活络扳手是通用扳手。它的开口尺寸可在一定的范围内调节,所以,在开口尺寸范围内的螺钉、螺母一般都可以使用。但也不可用大尺寸的扳手去旋紧尺寸较小的螺钉,这样会因扭矩过大而使螺钉折断;应按螺钉六方头或螺母六方的对边尺寸调整开口,间隙不要过大,否则将会损坏螺钉头或螺母,并且容易滑脱,造成伤害事故;应让固定钳口受主要作用力,要将扳手柄向作业者方向拉紧,不要向前推,扳手手柄不可以任意接长,不应将扳手当锤击工具使用。

②呆扳手(开口扳手)、套筒扳手、锁紧扳手和内六角扳手等称为专用扳手。它的特点是单头的只能旋拧一种尺寸的螺钉头或螺母,双头的也只能旋拧两种尺寸的螺钉头或螺母;呆扳手使用时应使扳手开口与被旋拧件配合好后再用力,如接触不好时就用力容易滑脱,使作业者身体失衡;套筒扳手在使用时也需接触好后再用力,发现梅花套筒及扳手柄变形或有裂纹时,应停止使用,要注意随时清除套筒内的尘垢和油污;锁紧扳手和内六角扳手使用时要注意选择合适的规格、型号,以防滑脱伤手。

③棘轮扳手、扭矩限定扳手是根据特殊要求而制成的特种扳手,应根据产品说明书的要求去正确使用,或根据指示器的读数来调整作用力。

(2)螺钉旋具。螺钉旋具是用来旋紧或松开头部带沟槽的螺钉的专用工具。螺钉旋具的使用应注意以下几点：

①应根据旋紧或松开的螺钉头部的槽宽和槽形选用适当的螺钉旋具；不能用较小的螺钉旋具去旋拧较大的螺钉；十字螺钉旋具用于旋紧或松开头部带十字槽的螺钉；弯头螺钉旋具用于空间受到限制的螺钉头。

②螺钉旋具的刀口损坏、变钝时应随时修磨，用砂轮磨时要用水冷却，无法修补的螺钉旋具，如刀口损坏严重、变形、手把柄都裂开或损坏应报废。

③不要用螺钉旋具旋紧或松开握在手中工件上的螺钉，应将工件夹固在夹具内，以防伤人。

8.1.2 常用工具认识

1. 测量工具

(1)水平仪。水平仪主要用来对电动机座进行水平校准，检测机臂、电动机、飞控等安装是否水平。水平仪实物如图 8-1 所示。

常用工具认识

图 8-1 水平仪实物

(2)螺距尺。螺距尺可以支持测量 800 mm 的主旋翼螺距，方便在 90 级直升机上使用。感应器正、负最大可测量的度数为 90°，分辨率为 0.1°。螺距尺实物如图 8-2 所示。

图 8-2 螺距尺实物

①用 AP800 螺距尺测量无平衡翼机型方法。AP800 数位螺距尺，适用无平衡翼与有平衡翼直升机，可自动侦测水平角度，测量结果通过液晶显示屏显示。测量分为 2 个步骤进行。

步骤一：归零。无平衡翼机型量测如图 8-3 所示。将 AP800 置于机身侧板水平面处，按"ZERO"键归零。

步骤二：量测角度。将 AP800 固定于主旋翼量测角度。无平衡翼机型量测如图 8-4 所示。

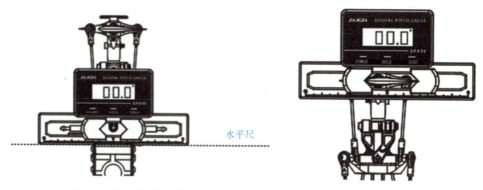

图 8-3　无平衡翼机型量测　　　　图 8-4　无平衡翼机型量测

②平衡翼机型螺距量测方法。当量测平衡翼机型时，将平衡杆固定并保持水平位置。调整主旋翼角度使螺距尺下缘与平衡杆平行时按"ZERO"键归零。平衡翼机型螺距量测如图 8-5 所示。

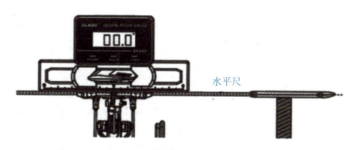

图 8-5　平衡翼机型螺距量测

(3)游标卡尺。游标卡尺是精密测量工具，它是精密制造、精确标定的。它是一切制造、装配、检验的基准。所有维修人员应熟悉其如何使用、读值和保管。

游标卡尺是常用的内、外及深度的测量尺，有机械式与电子式两种，如图 8-6 所示。电子数显游标卡尺是固定翼、直升机、多轴无人机常用的组装工具。

游标卡尺的读数是由主尺和副尺两部分之和表示的。

游标卡尺有英制和公制两种刻度。日常使用的为公制，民航飞机维修方面，使用的多为英制。这里以英制单位的游标卡尺为例来说明。游标卡尺采用十进制，主尺上每英寸分 10 大格，每大格为 0.1 英寸①；每 1 大格又分成 4 小格，每小格为 0.025 英寸；副尺刻线

---

① 1 英寸≈2.54 cm。

为 25 小格,即将主尺每小格分为 25 份,因此,其精度为 0.001 英寸。游标卡尺的读法如图 8-7 所示。

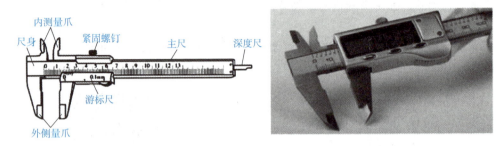

图 8-6 游标卡尺

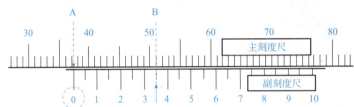

(1)主尺刻度值是在副刻度尺的0点数值。如图主尺刻度在36~37 mm,则A的位置刻度=36 mm。
(2)副尺刻度值是主尺刻度与副尺刻度重合处的值,如图副尺刻度在3~4 mm,则B的位置=0.35 mm。
则测量的值为36 +0.35=36.35(mm)。

图 8-7 游标卡尺的刻度读法

2.拆卸工具

(1)球头钳。球头钳是可以用来拆卸球形或有球形结构的工件,如图 8-8 所示。

弯嘴通用球头钳(只能用于 4.5 mm 规格球头),用于拆除球头扣,适合拆除困难位置的球头。其具有实用、方便等优点。

(2)拉玛。拉玛,实应为拉马,是机械维修中经常使用的工具。其主要用来将损坏的轴承从轴上沿轴向拆卸下来。拉玛主要由旋柄、螺旋杆和拉爪构成,有两爪、三爪之分,主要尺寸为拉爪长度、拉爪间距、螺杆长度,以适应不同直径及不同轴向安装深度的轴承。使用时,将螺杆顶尖定位于轴端顶尖孔调整拉爪位置,使拉爪挂钩于轴承外环,旋转旋柄使拉爪带动轴承沿轴向向外移动拆除。两爪和三爪拉玛实物如图 8-9 所示。

图 8-8 球头钳

图 8-9 两爪和三爪拉玛实物

拉玛零部件的组装,共分为以下 5 步。

第1步:选择2个金属夹片,1个拉脚,1个螺栓、螺母。拉脚零部件的选择,如图 8-10 所示。

第2步：选择相同位置的孔安装夹片，相同方式组装3个拉脚。拉脚的组装如图8-11所示。

图 8-10　拉玛零部件选择　　图 8-11　拉脚的组装

第3步：连接丝杠与丝杠座，丝杠与丝杠座的连接如图8-12所示。

第4步：连接拉脚与丝杠座，拉脚与丝杠座的连接如图8-13所示。

图 8-12　丝杠与丝杠座的连接　　图 8-13　拉脚与丝杠座的连接

第5步：可调式夹片方向让拉爪钩方向保持一致，即完成了组装，组装完成后的效果如图8-14所示。

拉玛的连接方式有两种，即两爪连接和三爪连接。两爪连接方式如图8-15所示，三爪连接方式如图8-16所示。

拉玛在使用时要注意以下事项：

①拉爪固定被拉物时，务必保持拉爪内角面与被拉物体接触面保持垂直结合。

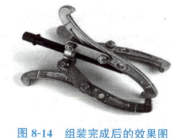

图 8-14　组装完成后的效果图

②利用扳手顺时针上紧丝杠，如果较为吃力，可轻微敲击丝杠头部，然后继续拧紧丝杠。

③可调节拉脚孔连接位置或拉脚方向达到最适合的拉取范围。

图 8-15　两爪连接方式　　图 8-16　三爪连接方式

(3)卡簧钳。卡簧钳从外形上来说是属于尖嘴钳的一种。它是专门用来安装和拆卸卡簧环的工具。卡簧钳实物如图8-17、图8-18所示。从作用类型来划分，卡簧钳主要分为内卡簧钳和外卡簧钳,主要用于各种机械设备上各种卡簧的拆卸和安装。这种钳子的出现方便了工人对于器械轴轮中间卡簧的操作。

卡簧钳的造型和操作方法基本与其他常见钳子相同,只要用手指带动钳腿的张开、合并,就可以操控钳嘴,并完成卡簧的安装、拆卸过程。

(4)振动解刀。振动解刀是一种特殊的拆卸工具,包括铆枪-冲击部分和螺刀杆-旋转部分,螺刀头可更换。振动解刀有手动(图 8-19)与电动两种。使用时,将螺刀杆配以合适刀头放入铆枪的铆头安装孔,若用的是手动的振动解刀直接敲击手柄即可利用解刀的振动对紧固件进行敲击,松动螺纹间的锈蚀、杂质,用扳手旋转螺刀杆拆下螺钉。注意:使用此方法时要控制好震枪,避免伤及机件。

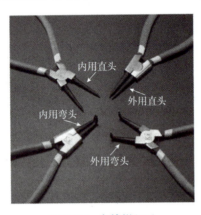
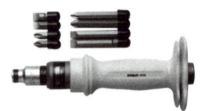

图 8-17　卡簧钳(一)　　　　图 8-18　卡簧钳(二)　　　　图 8-19　振动解刀

(5)圆头锤。圆头锤如图 8-20 所示,其特征是一端为平头,另一端为球形头。通常用于某些部件的敲击。由于其锤面设计硬度大,只能用于锤击较硬的金属部件,而不能敲击铝及铜等软金属部件和螺栓。这类锤的质量是按无手柄的锤头质量来规定的,从几十克到上千克不等。

(6)横锤和直锤。横锤和直锤的特征:在锤的一端用横向或纵向楔形端代替了圆头锤的圆头端。用于对金属板的初始弯曲或校直金属端边。横锤楔形端与手柄中线垂直,直锤楔形端平行于手柄。

(7)软锤。软锤如图 8-21 所示,它用于软金属的成型加工和软金属部件及容易致损表面的敲击作业。软锤所用材料有木料、牛皮、橡皮、塑料及合成材料等。不同的软锤材料其硬度各不相同。某些合成材料制成的软锤,其锤面硬度可根据需要更换,从而适用多种工作环境。

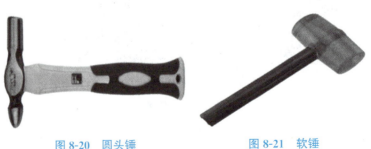

图 8-20　圆头锤　　　　图 8-21　软锤

使用敲击工具时，应该根据工作任务选择相应材料的锤头。使用前首先要检查手柄是否固定牢靠。敲击时，应以前手臂作为手柄的延长，用弯肘挥动锤头。在一些锤击力要求不大、空间狭小处，可以用手腕的活动来完成，被称为腕击。应使锤头的端面始终垂直于所敲击的工件；使用完毕后要清洁锤面，保证无污垢，并应注意保持锤头的表面光滑，以免损伤工件。

3. 夹持工具

(1) 鱼口钳。鱼口钳又称滑动支点钳，如图 8-22 所示。它是维修常用夹持工具。钳长有 150～200 mm 不同尺寸，在其铰接点部位有一个双孔槽，通过滑动支点在双孔中的位置，可以改变其夹持物件的范围；并且可以利用其根部剪切钢丝。但维修中切勿用它夹持拆装螺栓，尤其不能用于铝、铜螺母的拆装，否则将破坏螺母的外形，导致正常扳手不能使用。

图 8-22　鱼口钳

(2) 水管钳。水管钳又称内锁支点钳，如图 8-23 所示。它的钳口与钳柄呈一定角度，其铰接点可滑动调节。钳口可夹持范围变化大，夹持力较大，可夹住密封螺母、管子和异型零件。

图 8-23　水管钳

(3) 大力钳。大力钳又称手虎钳，如图 8-24 所示。这种钳子属于复合型钳子，钳口的夹持力可通过手柄后端可旋动的螺栓调节。当压紧手柄时，复合支点可使夹持力倍增。即使松开手柄，两钳口也不会打开。如果需要松开钳口，可以通过手柄后端的一个小杠杆将其松开。

(4) 尖嘴钳。尖嘴钳用于夹持小物体，可在狭小空间进行操作，如图 8-25 所示。尖嘴钳有不同长度的半圆形钳口，有直、斜尖嘴钳两种。它用于附件紧密处的操作和夹持小物体，拧保险丝结等。

(5) 斜口钳。斜口钳又称作克丝钳，是维修中不可少的工具，如图 8-26 所示。它是短钳口的剪切工具，在其钳口有一个小角度形成刀刃，用于剪切金属丝、铆钉、开口销和小螺钉。

图 8-24　大力钳　　　　图 8-25　尖嘴钳　　　　图 8-26　斜口钳

（6）鸭嘴钳。鸭嘴钳的手柄长，钳头扁平，形状像鸭子嘴，如图 8-27 所示。在颚口内有细牙，用来增加对夹持物的摩擦力。较长的手柄提供了良好的夹持能力，用于拧保险丝结。

（7）平口钳。平口钳的钳口较厚，钳前端平直，如图 8-28 所示。平直的钳口有相当的深度可用于凸缘弯边，且咬合齐整，可制作较好的弯曲造型。钳子根部有剪切刃，可用于剪切钢丝等物。

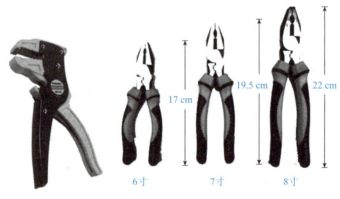

图 8-27　鸭嘴钳　　　　　　图 8-28　平口钳

（8）保险钳。保险钳集夹持钳、斜口钳、旋转手柄于一体，如图 8-29 所示。使用时，首先在已固定好一端的保险丝上确定所需编结的保险丝长度，然后用钳口夹住另一端并用锁机构锁紧。用手抓住钳子尾端的旋转钮，向后拉动，即可使保险丝编花。其编结的密度取决于拉动的次数。保险丝另一端固定以后，可用它的刃口剪去多余的保险丝。

使用钳子要遵守两条重要规则：

（1）不要使钳子超出其能力。长钳口特别脆弱，容易产生崩裂、折断或造成边缘缺损。

（2）不要用钳子拧螺母。钳子的夹持会使螺母快速损坏。

图 8-29　保险钳

4. 拧动工具

(1)螺钉旋具。螺钉旋具按它的形状、刀口类型和刀口宽度分类。螺钉旋具的长度是以刀杆长度标示，从十几毫米到几百毫米有多种长度。刀柄一般采用木质和高强度塑料。

①"偏置"螺钉旋具。在垂直空间受到限制时，可使用"偏置"螺钉旋具，如图8-30所示。"偏置"螺钉旋具的两端头与杆身成90°，两刀口相互垂直。交替使用两头，大多数螺钉都能完成拆装。"偏置"螺钉旋具有标准型和埋头型。

②"一"字螺钉旋具。"一"字螺钉旋具，又称普通型螺钉旋具，如图8-31所示。用于带有"一"字槽口的螺钉紧固件。选用"一"字螺钉旋具时，应保证螺钉旋具的刃宽不小于螺钉上槽口长度的75%。刃口应锋利，与槽口两侧平行，且能插到槽的底部，否则将会损坏螺钉槽口，以致损坏螺钉。在拧动螺钉旋具时，要适当用力顶住手柄慢慢拧动，待螺钉旋具松动以后，才可较快地转动手柄，否则也会破坏螺钉槽口及螺钉。

③"十"字螺钉旋具。"十"字螺钉旋具如图8-31所示，用于带有"十"字槽形的螺钉紧固件。维修人员应注意区分螺钉紧固件上"十"字槽形的不同，从而选择与之相符的"十"字螺钉旋具。用错螺钉旋具会损坏螺刀头和螺钉。

一种"十"字螺钉钉头的十字槽为双锥形，且两侧不平行。对应的"十"字螺钉旋具，它的刃较短，可插入较平的孔底。

一种"十"字螺钉钉头的十字槽两侧较直，十字凸出，槽宽比同规格的十字螺钉窄，呈单锥状。十字螺钉旋具的刃较长且较尖，称作尖"十"字螺钉旋具。

为了便于携带，生产有可更换刀头的螺钉旋具。一些可调刀头被加工成两端不同尺寸和不同形状的刃口，如一端"一"字刀头、一端"十"字刀头。

对于需要较大力或生锈的螺钉拆装，可能单靠个人的腕力不能完成，这时可选用四方形刀杆的螺钉旋具，在方杆上借助工具帮助旋转。

④气动螺钉旋具。在大量维修工作中均采用气动螺钉旋具，其是用气源作动力的螺钉旋具如图8-32所示。这种螺钉旋具端头有固定螺钉的夹具，无论是拆螺钉还是装螺钉都不会脱落。有些螺钉旋具上还设有力矩预置装置，可防止安装时力矩过大。

图8-30 "偏置"螺钉旋具　　图8-31 "一"字与"十"字螺钉旋具　　图8-32 气动螺钉旋具

⑤棘轮式螺钉旋具。棘轮式螺钉旋具是一种手动快速螺钉旋具，如图8-33所示。可更换螺刀头，使用时可通过手柄处的棘轮装置使螺刀头连续旋转。通过手柄的转换开关可以选择旋转方向，以拆装螺钉。

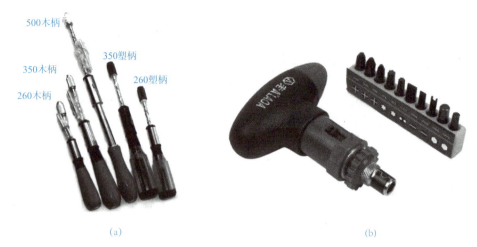

图 8-33　棘轮式螺钉旋具

(a)手压式棘轮螺钉旋具；(b)电动式棘轮螺钉旋具

螺钉旋具不能当錾子或撬棍使用，应随时注意保持刀头的形状和刃口。当在小零件上用螺钉旋具时，应将零件固定在工作台上，不要拿在手上，以免螺钉旋具滑开，造成人身伤害。

使用棘轮式和旋转式螺钉旋具时，应注意它们不是重负荷工具，最终紧固应该用标准固定式螺钉旋具拧紧。使用中应当始终保持一定的压力，以防刃口从螺钉头的槽中滑出，损伤周围的构件。

(2)扳手。扳手是维修中最常用的工具，分为呆扳手、梅花扳手、套筒扳手、活动扳手和专用扳手。偶尔使用的六方头扳手是用于一种特殊的圆柱头内六角螺钉的。

扳手开口大小的表示单位，有以英寸为单位的英制单位和以毫米为单位的公制单位两个系列，即英制和公制。大部分扳手采用高强度铬钒合金材料锻造成型。

①呆扳手。呆扳手俗称开口扳手，如图 8-34 所示。在扳手的两端开有平行张开的、用于螺栓螺母配合的扳手口，开口通常与手柄形成 15°。这样的设计便于在有限的地方旋转拆装螺栓，也有 30°、60°的开口。

②梅花扳手。梅花扳手俗称圆框扳手，如图 8-35 所示对于较紧固定的螺母，即使使用最好的开口扳手也可能会出现滑动，损坏螺母的六角，给拆装造成麻烦。而梅花扳手在其圆框的内圈有 6 或 12 个角，旋转时增加了与螺母 6 个角的接触点，便于力的分布。12 个内角设计，使扳手可在 15°的摆动范围内使用。

图 8-34　呆扳手(开口扳手)　　图 8-35　梅花扳手(圆框扳手)

梅花扳手对拧松或上紧螺母是理想的，但螺母一旦拧松，用呆扳手比用梅花扳手有更大的优越性。

③组合扳手。组合扳手一端是梅花扳头，另一端是同样尺寸的呆扳手头，如图8-36所示。对于较紧固定的螺母，使用组合扳手工作更方便。

④内六角扳手。内六角扳手是一种常见的扳手，用于装拆大型六角螺钉或螺母，如图8-37所示。由于紧固件规格不同，内六角扳手的规格也有很多种。使用时，将六棱的扳手放在螺钉的内六角槽内，顺时针紧固螺钉，逆时针松动螺钉。

图8-36　组合扳手　　　　　　　　图8-37　内六角扳手

⑤管螺母扳手。飞机的管路由螺母组件连接在一起，而且这些螺母连接要求有足够的紧度。对此开口扳手不适用，而梅花扳手又无法套入。管螺母扳手大部分保持梅花扳手的形状，但其端部开一槽口，便于扳手穿过管路。端头套于待拆装的螺母，保证有多个棱角与管螺母接触，便于施力，如图8-38所示。

⑥棘齿开口扳手。棘齿开口扳手如图8-39所示。该型专用扳手不需重新定位即可拧动螺母，其形状像在管螺母扳手基础上又去掉一开端的大部分，但它比开口扳手有更多的与螺母接触点。

⑦棘轮梅花扳手。棘轮梅花扳手是最为方便的扳手之一，如图8-40所示。装于扳手两端的梅花套筒，可按要求向同一方向连续转动而锁住另一方向，从而完成快速地紧固，也可根据需要选择另一方向的动作拧松。

图8-38　管螺母扳手　　　图8-39　棘齿开口扳手　　　图8-40　棘轮梅花扳手

⑧套筒扳手。套筒扳手由套在螺母或螺栓头上的套筒和连到套筒上的手柄两部分组成。套筒一端内有6角或12角卡口与螺母配合，另一端为正方形的开口供安装手柄。多尺寸的套筒装于一个小工具盒内，便于携带，再配以各种类型的棘轮手柄及加力杆、万向

绞接头等，便组成了最便捷的工具，如图 8-41 所示。

图 8-41　套筒扳手

套筒规格较多，和开口扳手一样也有英制和公制两种单位规格。内卡口多为 6 角、12 角。对于方头紧固件可用四角套管或八角套筒。在某些情况下，螺栓凸出螺母太多，如拆装火花塞时，标准套筒不能适用，因而制有加长套筒。

5. 冲击工具

某些较大且拆卸周期比较长的紧固件，可能由于腐蚀生锈而变得十分难以拧动。冲击工具的使用将使这类紧固件的拆卸变得容易一些。冲击工具有手动冲击和气（电）动冲击两种类型。维修中常用的冲击螺钉旋具就是其中一种。

冲击螺钉旋具由一套专用刀头、专用套筒头和带有六角面的冲击筒组成，如图 8-42 所示。使用时，选择合适的刀头或套筒装于六角面的冲击筒上，然后用锤敲击冲击筒，冲击筒内部的机构使螺刀工具头向松的方面转动。冲击筒在敲击下产生下压和旋转的冲击力。在这种力的作用下紧固件将松动。使用此工具时要戴好防护镜。气（电）动冲击工具适用于较大力矩的紧固件，它施加的力是间断的冲击力。

6. 雕刻工具——手持雕刻机

手持雕刻机是一种无人机常用的修理工具，如图 8-43 所示。其主要用来对无人机的机架或机臂等部位进行打孔、扩孔、扫边操作。

7. 清洁工具——气吹

气吹也是一种无人机常用的修理工具，如图 8-44 所示。其主要作用是对电动机、飞控、伺服舵机的电路板进行清尘去灰处理。

图 8-42　冲击螺钉旋具　　　图 8-43　手持雕刻机　　　图 8-44　气吹

8. 万用表

在无人机检修时，万用表主要用来测量无人机电子设备中电压和电流信号。

(1)万用表测电压的操作方法。

①万用表测交流电压。

a. 将数字万用表调节到电压挡位 $\tilde{V}$。量程最好选择 250～500 V，如果是三相电压一定要选择超过 380 V 的量程。电压挡位如图 8-45 所示。

b. 红色的表笔插在＋插孔内，黑色的表笔插在－插孔内。表笔插孔如图 8-46 所示。

图 8-45　电压挡位　　　　　图 8-46　表笔插孔

c. 查看万用表显示读数，确认量程。图 8-47 所示为家庭交流电压的测量。

②万用表测直流电压。

a. 将红表笔插入 V/Ω 插孔，将黑表笔插入 COM 插孔。

b. 将功能开关置于直流电压挡 $\overline{V}$ 处，将测试表笔置于待测器件两端（对于指针式万用表而言，红表笔接电路正极，黑表笔接电路负极，若电路正负极不清楚，可以在最大量程情况下，在被测电路上试一下，根据笔针偏转的方向判断正负极；而对于数字万用表来说，不存在这种情况，红、黑表笔可以任意接在待测器件两端，假设红表笔端为正极，若假设错误，则万用表显示读数为负值）。

c. 查看万用表显示读数，确认量程，并确定电压方向。图 8-48 所示为直流电池电压的测量。

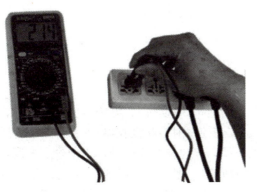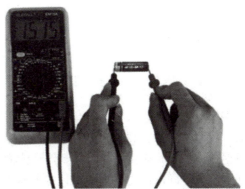

图 8-47　家庭交流电压的测量　　　　　图 8-48　直流电池电压的测量

③万用表测电压的注意事项。

a. 在万用表使用之前,应先进行机械调零。

b. 万用表应水平放置,以减小外界磁场对其的影响。

c. 如果被测电压范围处于未知状态,则应先将功能开关置于最大量程并逐步降低。

d. 若在测量过程中发现量程不符,则应在断开表笔后进行量程的变更,不能在测量过程中进行换挡。

e. 如果万用表显示器只显示"1",则表示量程过小,应将功能开关置于更大的量程上。

f. 当测试高电压时,应格外注意避免触电。

g. 在万用表使用过程中,不能用手触碰表笔的金属部分,以保证人身安全和测量结果的准确。

h. 万用表使用完毕后,应将功能开关置于交流电压的最大量程处,若长时间不适用,应取出其内部电池,以免腐蚀表内其他器件。

(2)万用表测电流的操作方法。

①使用万用表测量直流电流。万用表直流电流挡标有"mA"挡有 1 mA、10 mA、100 mA 三挡量程。选择量程,应根据电路中的电流大小。如不知电流大小,应选用最大量程。

a. 测量前,先将黑表笔插入"COM"孔。若测量大于 200 mA 的电流,则将红表笔插入"10 A"插孔,将旋钮转到直流"10 A"挡;若测量小于 200 mA 的电流,则将红表笔插入"200 mA"插孔,将旋钮转到直流 200 mA 以内的合适量程。调整好后,就可以测量了。

b. 测量电流时,应将电路相应部分断开后,将万用表表笔接在断点的两端。红表笔应接在和电源正极相连的断点,黑表笔接在和电源负极相连的断点。将万用表与被测电路串联,保持稳定,即可读数。若显示为"1",那么就要加大量程;如果在数值左边出现"—",则表明电流从黑表笔流进万用表。

c. 测量完毕,应断开电源,按要求收好万用表。

②使用万用表测量交流电流。测量方法与测量直流电流的方法相同,不过挡位应该打到交流挡位,电流测量完毕后应将红表笔插回"VΩ"孔。

8.2 无人机的组成与材质

8.2.1 无人机的组成部分(多旋翼)

多旋翼无人机的基本组成有机身和起落装置、电机(电动机)、电调(电子调速器)、螺旋桨、飞控(飞行控制器)、动力电池、遥控装置(遥控发射器和接收器)等。其原理为遥控器发射遥控信号,遥控接收器收到信号传输给飞控,飞控将遥控信号转化传输给电调,电调通过调节不同电机的供电电压以控制螺旋桨的旋转速度从而完成前、后、左、右、高、低、上、下的飞行动作,而电池负责供电,机架将所有的零件固定在一起。下面以大疆筋斗云 DJI S1000+无人机为例进行介绍。

1. 机身和起落装置

机身由中心板、机臂(包含电机、电调和螺旋桨)、智能起落架等组成,如图 8-49、图 8-50 所示。

图 8-49　DJI S1000＋无人机　　　　图 8-50　DJI S1000＋无人机中心板

专业多旋翼航拍无人机的机身和起落装置多用强度高而质量轻的碳纤维复合材料制作。与传统金属材料相比,复合材料具有比强度和比刚度高、热膨胀系数小、抗疲劳能力和抗震能力强的特点,将它应用于无人机结构中可以减重 25%～30%。为了携带方便,多旋翼无人机常做成机臂可折叠结构,而且智能起落装置能够在无人机起飞后离开地面一定高度时可遥控升起或折叠,使相机随云台转动时视线不被遮挡。如图 8-51 所示为折叠后的 DJI S1000＋,图 8-52 所示为飞行中起落装置收起。

图 8-51　折叠后的 DJI S1000＋无人机　　　　图 8-52　飞行中起落装置收起

2. 电机

多旋翼无人机一般采用外转子无刷电机(定子为绕组与硅钢片组成的框架,转子磁钢在电机外部旋转)作动力。它的优点是转动惯量大、转动平稳、转矩大、磁铁好固定。无刷电机相对有刷电机寿命更长、性能更稳定。

普通的直流电机是利用碳刷进行换向的,碳刷换向存在很大的缺点,如机械换向产生的火花引起换向器和电刷摩擦、电磁干扰、噪声大、寿命短、结构复杂、可靠性差、故障多,需要经常维护等。而无刷直流电机在电机性能上和直流电机性能相近,同时电机没有碳刷。无刷电机是通过电子换向达到电机连续运转目的。无刷电机的换向模式可分为方波和正弦波驱动,就其位置传感器和控制电路来说,方波驱动相对简单、价廉而得到广泛利用。目前,多旋翼无人机多采用方波驱动无刷电机(图 8-53、图 8-54)。

外转子无刷电机的命名原则,各个厂家有所不同,有以电机定子的直径和高度来命名，也有以电机的直径和高度来命名。多旋翼无人机所用的电机大多是以电机定子的直径与高度来命名。如大疆的 DJI 4114 电机，指的是该电机定子直径 41 mm，定子高度为 14 mm。

图 8-53　DJI 4114 电机和桨夹

图 8-54　无刷电机定子和转子

无刷电机的一个重要参数是 KV 值。它是指电机输入电压每提高 1 V，电机空载转速提高的量。例如，大疆的 DJI 4114 电机的 KV 值是 400 rpm/V，即说明电机空载情况下加 1 V 电压转速为每分钟 400 转，2 V 电压每分钟 800 转，以此类推。同型号电机（如都是 4114）低 KV 值比高 KV 值提供的扭力大，类似汽车低挡的速度虽然慢，但是爬坡更容易。但是低 KV 值需要配大螺旋桨，如果搭配不合适会造成严重的反扭现象。另外，像电机质量、最大拉力、最大起飞质量等也是无刷电机的重要参数。

3. 电调

电调的全称是电子调速器，如图 8-55 所示，针对电机不同可分为有刷电子调速器和无刷电子调速器，它根据控制信号调节电动机的转速。无刷电调输入的是直流，可以接稳压电源或锂电池。一般的供电都为 2～6 节锂电池。输出的是三相脉动直流，直接与电机的三相输入端相连。如果上电后，电机反转，只需要把这三根线中间的任意两根对换位置即可。无刷电调有一对信号线连出，用来与飞控系统连接，控制电机的运转。多旋翼无人机需要使用专用电调，以适应多轴快速反应。

图 8-55　DJI 4114 专用电调

无刷电调的主要参数有输入电压范围、输出持续电流和最大允许瞬时电流、兼容信号频率等。多旋翼航拍无人机通常为 11.1～22.2 V（3～6 节锂电池）直流电压，持续电流为 20～40 A，兼容信号频率为 30～450 Hz。一些通用型电调还带有 BEC（Battey Elimination Circuit，免电池电路）输出，如 5 V/2 A，可以为飞控和遥控接收器等设备供电。但是，如果这些设备需要的供电电流大于 BEC 所能提供的电流，就需要专门的供电设备来供电。大疆的 DJI S1000+无人机使用的是 4114 专用电调，工作电流为 40 A，工作电压为 6 S LiPo（6 节锂电池），兼容信号频率 30～450 Hz。

4. 螺旋桨

靠桨叶在空气中旋转将发动机转动功率转化为推进力或升力的装置，简称螺旋桨。它由多个桨叶和中央的桨毂组成，桨叶好像一扭转的细长机翼安装在桨毂上，发动机轴与桨毂相连接并带动它旋转。直升机旋翼和尾桨也是一种螺旋桨。

螺旋桨旋转时，桨叶不断把大量空气向后（向下）推去，在桨叶上产生一向前（向上）的力，即推进力，如图 8-56 所示。一般情况下，螺旋桨除旋转外还有前进速度。如截取一小段桨叶来看，恰像一小段机翼。桨叶上的气动力在前进方向的分力构成拉力。在旋转面内的分量形成阻止螺旋桨旋转的力矩，由发动机的力矩来平衡。对于固定翼来说主要提供的是推力，对于多轴来说提供的是升力。在不超负载的情况下，飞机可以更换很多不同的桨，同样可以飞起来，但是飞行效果和续航时间大相径庭。螺旋桨选得适合，飞行更稳，航拍效果和续航时间都兼得，选得不好可能效果就适得其反了。

螺旋桨有 2 个、3 个或 4 个桨叶，一般桨叶数目越多吸收功率越大，如图 8-57 所示。多旋翼飞行器的螺旋桨一般使用两叶桨，与电机类似，螺旋桨也有如 8045、9047 等 4 位数字标示，前面 2 位代表螺旋桨的直径，也就是长度，单位是英寸。但是要注意，9047 是直径 9 英寸螺旋桨，而 1045 是直径 10 英寸螺旋桨。后面两位数是指几何螺距，螺距原指螺纹上相邻两牙对应点之间的轴向距离，可以理解为螺栓转动一圈前进的距离。而螺旋桨的螺距是螺旋桨在固体介质内无摩擦旋转一周所前进的距离。简单来说可以理解为螺旋桨桨叶的"倾斜度"，螺距标称越大倾斜度越大。螺旋桨长度和螺距越大，所需要的电机或发动机的级别就越大。螺旋桨的长度越大，某种程度上能够保证飞机俯仰稳定性越高，螺距越大飞行速度越快。四轴飞行器为了抵消螺旋桨的自旋，相邻的螺旋桨旋转方向是不一样的，所以需要正反桨。正反桨的风都向下吹。顺时针旋转的是正桨（CW），逆时针旋转的是反桨（CCW）。安装的时候一定记得无论正反桨有字的一面是向上的。

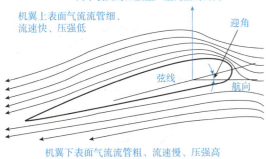

图 8-56　桨叶的剖面和飞机机翼的升力原理

图 8-57　两叶桨和三叶桨

大疆 DJI S1000＋无人机使用的螺旋桨是可折叠桨，如图 8-58 所示，每个螺旋桨由两片 1552 碳纤维桨叶和一个桨座组成。

5. 飞行控制器

无人机之所以能够在空中自主飞行，就是因为无人机也和人类一样，也拥有一个大脑，那就是无人机的核心——飞行控制器，也称自驾仪。有了这套自驾仪，通过地面端的计算机或手机就可以控制一架飞机自主起飞、自主导航、自主降落了。

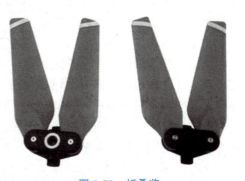

图 8-58　折叠桨

(1) 飞行控制器原理。飞行控制器简称飞控，飞控内部由一些传感器和多块单片机构成。现在的飞控内部使用的都是由三轴陀螺仪（图 8-59）、三轴加速度计、三轴地磁传感器和气压计组成的一个 IMU (Inertial Measurement Unit)，也称惯性测量单元。三轴陀螺仪、三轴加速度计、三轴地磁传感器中的三轴指的就是飞机左右、前后、垂直方向上这三个轴，一般都用 X、Y、Z 来代表。X 轴叫作横滚轴，Y 轴叫作偏航轴，Z 轴叫作俯仰轴。

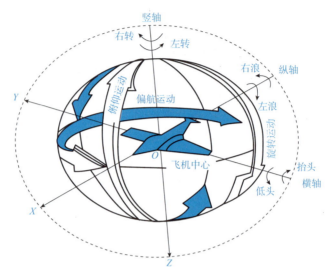

图 8-59　飞机的三个运动轴

我们都知道，陀螺在不转动的情况下很难站在地上，只有转动起来才会站立在地上，或者说自行车，轮子越大、越重的车子就越稳定，转弯的时候明显能够感觉到一股阻力，这就是陀螺效应。根据陀螺效应，人们发明出陀螺仪。最早的陀螺仪是一个高速旋转的陀螺，如图 8-60 所示，通过 3 个灵活的轴将这个陀螺固定在一个框架中，无论外部框架怎么转动，中间高速旋转的陀螺始终保持一个姿态。通过 3 个轴上的传感器就能够计算出外部框架旋转的度数等数据。

图 8-60　三轴陀螺仪示意

由于成本高，机械结构复杂，机械陀螺仪现在都被电子陀螺仪代替，电子陀螺仪的优势就是成本低、体积小、质量轻，质量只有几克，稳定性还有精度都比机械陀螺仪高。陀螺仪在飞控中起到的作用就是测量 X、Y、Z 三个轴的倾角。三轴加速度计也是 X、Y、Z 三个轴。当开车起步的一瞬间就会感到背后有一股推力，这股推力就是加速度。加速度是速度变化量与发生这一变化时间的比值，是描述物体变化快慢的物理量。例如，一辆车在停止状态下，它的加速度是 0，起步后，从 0 m/s 到 10 m/s，用时 10 s，这就是这辆车的加速度，如果车以 10 m/s 的速度行驶，它的加速度就是 0，同样，用 10 s 的时间减速，从 10 m/s 减速到 5 m/s，那么它的加速度就是负数。三轴加速度计就是测量飞机 X、Y、Z 三个轴的加速度。

（2）高度测量。我们日常出行都是根据路标或记忆来寻找自己的面向的，而飞机可利用地磁传感器感知地磁达到相同的效果。地磁传感器就如同一个电子指南针，它可以让飞机知道自己的飞行朝向、机头朝向，找到任务位置和家的位置。气压计是测量当前位置的大气压，我们知道高度越高，气压越低，这就是人到高原之后会有高原反应的原因。气压计是通过测量不同位置的气压，计算压差来获得当前的飞行的高度。

（3）姿态角度测量。飞控最基本的功能是控制一架飞机在空中飞行时的平衡，是由 IMU 测量，感知飞机当前的倾角数据，通过编译器编译成电子信号，将这个信号实时传输给飞控内部的单片机，根据飞机当前的数据，计算出一个补偿方向、补偿角，然后将这个补偿数据编译成电子信号，传输给舵机或电机，舵机或电机再去执行命令，完成补偿动作，然后传感器感知到飞机平稳了，将实时数据再次给单片机，单片机会停止补偿信息，这就形成了一个循环。大部分飞控基本上都是 10 Hz 的内循环，也就是 1 s 刷新 10 次。这就是飞控最基本的功能，如果没有此功能，当一个角一旦倾斜那么飞机就会快速地失去平衡导致坠机，或者说没有气压计测量不到自己的高度位置就会一直加油门或一直降油门。

（4）位置测量。有了最基本的平衡、定高和指南针等功能，还不足以让一架飞机能够自主导航，就像我们去某个商场一样，首先需要知道商场的所在位置，知道自己所在的位置，然后根据交通情况规划路线。飞控也是如此，首先飞控需要知道自己所在的位置，那就需要定位，也就是我们常说的 GPS（图 8-61）。现在全球有 GPS、北斗、GLOXASS、Galileo 四大卫星定位系统，由于 GPS 定位系统较早，再加上是开放的，所以，大部分飞控采用的是 GPS，也有少数采用的是北斗定位。定位精度基本在 3 m 以内，一般开阔地都是 50 cm 左右，但因环境干扰或建筑物、树木之类的遮挡，定位可能会有偏差，还有可能定位的是虚假信号。这也是民用无人机频频坠机、飞丢的一个主要原因。

GPS 定位原理是三点定位，天上的 GPS 定位卫星距离地球表面 22 500 km 处，它们所运动的轨道正好形成一个网状面，也就是说在地球上的任意一点，都有可以同时收到 3 颗以上的卫星信号。卫星在运动的过程中会一直不断地发出电波信号，信号中包含数据包，其中就有时间信号。GPS 接收机通过解算来自多颗卫星的数据包，以及时间信号，可以清楚地计算出自己与每一颗卫星的距离，使用三角向量关系计算出自己所在的位置。GPS 也定位了，数据也有了，这个信号也会通过一个编译器再次编译成一个电子信号传给飞控，让飞控知道自己所在的位置、任务的位置和距离、家的位置和距离及当前的速度与高度，然后由飞控驾驶飞机飞向任务位置或回家（返航）。

DJI S100+无人机使用的飞控主要有 A2 飞控（图 8-62）和 WooKong-M 飞控两种。

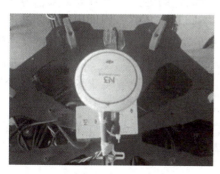

图 8-61　DJI GPS 模块

图 8-62　DJI A2 飞控

A2 飞控内置 2.4 G 接收机 DR16，直接支持 Futaba FASST 系列遥控器。配备高性能抗震 IMU 模块和高精卫星导航接收机 GPS-COMPASS PRO PLUS。其主要特性如下：适用九种常用多旋翼平台，支持用户自定义电机混控，智能方向控制（IOC），在普通飞行过程中，无人机的飞行前向为飞行器的机头朝向。启用智能方向控制后，在飞行过程中，无人机的飞行前向与无人机机头朝向没有关系。在使用航向锁定时，飞行前向和主控记录的某一时刻的机头朝向一致，如图 8-63 所示。

在使用返航点锁定时，飞行前向为返航点到无人机的方向，如图 8-64 所示。

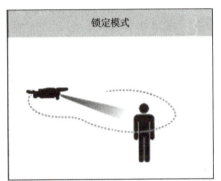 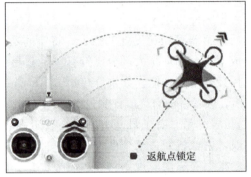

图 8-63　航向锁定模式示意　　　　　图 8-64　返航点锁定模式示意

A2 飞控具备热点环绕功能，在 GPS 信号良好的情况下，可以通过拨动遥控器上预先设置好的开关，将无人机当前所在的坐标点记录为热点。以热点为中心，在半径 5～500 m 的范围内，只需要发出横滚的飞行指令，无人机就会实现 360°的热点环绕飞行，机头方向始终指向热点的方向，也就是俗称的"刷锅"。该功能设置简单，使用方便，可实现对固定的热点进行全方位拍摄的应用，如图 8-65 所示。

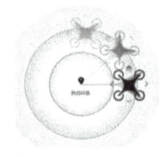

（5）智能起落架功能。使用智能起落架功能，一旦通电

图 8-65　热点环绕示意

后，保护起落装置在地面默认放下（不会意外收起）；在紧急情况时（如断桨保护、自动降落等）放下起落架，以保护无人机和云台；飞行高度超过 5 m 后可通过设置的开关控制起落装置的收起和放下。

（6）飞行模式。

①失控返航和一键返航。当无人机与遥控器之间，因为控制距离太远或信号干扰失去联系时，系统将触发失控保护功能，在 GPS 信号良好的情况下，自动触发自动返航安全着陆功能。此外，还新增加了遥控器开关触发自动返航的功能，无须进入失控保护模式。

②协调转弯模式。横滚与偏航杆合二为一，辅助协调转弯。定高飞行时可单手控制，固定翼式转弯与悬停完美融合，全新飞行驾感。第一人称航拍镜头流畅转换，体验不同视觉效果。

③巡航控制模式。可以设置定速巡航和变速巡航模式，简化飞行操作，驾驶员可以专注云台控制，减少变速损耗，提高续航时间。精准控速，轻松完成匀速航线镜头。打杆调速，方便随时修改巡航速度。

④断桨保护功能。对于六轴及以上的机型，断桨保护功能是指在姿态或 GPS 姿态模式下，飞机意外缺失某一螺旋桨动力输出时，可以采用牺牲航向轴控制的办法，继续保持飞行水平姿态。此时，飞机可以继续被操控，并安全返航，如图 8-66 所示。这一设计大大降低了炸机的风险。

6. 动力电池

多旋翼无人机上使用的电池为锂聚合物电池（Li-polymer，又称高分子锂电池），一般简称为锂电。锂聚合物电池具有能量密度高、小型化、超薄化、轻量化，以及高安全性和低成本等多种优点，是一种新型电池。在形状上，锂聚合物电池具有超薄化特征，可以配合各种产品的需要，制作成各种形状与容量的电池，外包装为铝塑包装，有别于液态锂电的金属外壳，内部质量隐患可立即通过外包装变形而显示出来，如鼓胀。

下面就以一块 22.2 V、1 000 mAh 航拍动力电池（图 8-67）为例进行说明。它一般是由 6 片额定电压为 3.7 V、容量 1 000 mAh 锂电芯串联而成，即常说的 6S1P，也可以是 6S2P。即由 12 片 5 000 mAh 的电池并联加串联组成的。这里要说明的是，6S1P 要比 6S2P 安全系数要高，因为 1P 要比 2P 的结构简单一倍，当然 1P 价格也要更高。

图 8-66　T1 多旋翼飞行控制器

图 8-67　22.2 V, 1 000 mAh 航拍电池

在无人机用锂电中，单片电芯电压 3.7 V 是额定电压，是从平均工作电压获得。单片锂电芯的实际电压为 2.75~4.2 V，锂电上标示的电容量是 4.2 V 放电至 2.75 V 所获得的电量，如容量为 1 000 mAh 的电池如果以 1 000 mA 的电流放电可持续放电 1 小时，如果以 5 000 mA 电流放电则可以持续放电 2 小时。锂电必须保持在 2.75~4.2 V 这个电压范围内使用。如电压低于 2.75 V 则属于过度放电，锂电会膨胀，内部的化学液体会结晶，这些结晶有可能会刺穿内部结构层造成短路，甚至会让锂电电压变为零。充电时单片电压高于 4.2 V 属于过度充电，内部化学反应过于激烈，锂电就会鼓胀，若继续充电会膨胀、燃烧。所以，一定要用符合安全标准的正规充电器对电池进行充电，同时严禁对充电器进行私自改装，这可能会造成很严重的后果。

实际使用中不能将航拍动力电池单片电芯电压放电到 2.75 V，此时电池已不能提供给飞机有效电力来飞行。为了安全飞行，可将单片报警电压设为 3.6 V，如达到或接近此电压，驾驶员就要马上执行返航或降落动作，尽可能避免因电池电压不足导致飞行器坠落（俗称炸机）。

电池的放电能力是以倍数 C 来表示的，它的意思是说按照电池的标称容量最大可达到多大的放电电流。常见的航拍用电池有 15C、20C、25C 或更高 C 的数。1C 是指电池用 1C 的放电率放电可以持续工作 1 小时。例如，1 000 容量的电池持续工作 1 小时，那么平均电流是 1 000 mA，即 10 A，10 A 即是这个电池的 1C。再如电池标有 1 000 mAh 25C，那么最大放电电流是 $10×25=250(A)$，如果是 15C，那么最大放电电流是 $10×15=150(A)$，从此可以看出飞机在进行大动态飞行的时候，C 数越高电池就能根据动力消耗的瞬间提供更多电流支持，它的放电性能会更好，当然 C 数越高，电池价位也会升高。千万不要超过电池的放电 C 数进行放电，否则电池有可能会报废或燃烧爆炸。

电池是为飞行器提供动力的唯一能源，正确的使用和维护对延长电池寿命非常重要。因此，在使用和保养中应注意以下事项：

(1) 平衡充电。锂电池串联充电时，应保证每节电池均衡充电，否则使用过程中会影响整组电池的性能和寿命。因此，一定要使用专门的平衡充电器为锂电充电。

(2) 不过充和过放。要确保充电电压不超过 4.2 V，充电完毕要及时拔掉充电插头。充电时一定要按照电池规定的充电 C 数或更低的 C 数进行充电，一般正常充电电流为 1C，紧急情况下也不可超过电池说明书中规定的最大充电电流。

电池的放电曲线表明，刚开始放电时，电压下降比较快，但放电到 3.9～3.7 V，电压下降不快。但一旦降至 3.7 V 以后，电压下降速度就会加快，控制不好就会导致过放，轻则损伤电池，重则电压太低造成炸机。如果经常过放电，会使电池寿命缩短。无人机动力电池的电压或剩余电量一般会在图传接收的显示器上显示，要时刻注意电池电量，一旦报警就应尽快降落。

(3) 不满电保存。充满电的电池，不能满电保存超过 3 天，如果超过一个星期不放掉，有些电池就直接鼓包了，有些电池可能暂时不会鼓，但几次满电保存后，电池可能会直接报废。因此，正确的方式是，在接到飞行任务后再充电，电池使用后如在 3 天内没有飞行任务，请将单片电压充至 3.80～3.90 V 保存。如果充好电后因各种原因没有飞，也要在充满后 3 天内把电池放电到 3.80～3.90 V 保存。如在 3 个月内没有使用电池，将电池充放电一次后继续保存，这样可延长电池寿命。电池保存应放置在阴凉的环境下贮存，长期存放电池时，最好能放在密封袋中或密封的防爆箱内，建议环境温度为 10 ℃～50 ℃，且干燥、无腐蚀性气体。

(4) 不损坏外皮。电池的外皮是防止电池爆炸和漏液起火的重要结构，锂电池的铝塑外皮破损将会直接导致电池起火或爆炸。电池要轻拿轻放，在飞机上固定电池时，扎带要束紧。因为会有可能在做大动态飞行或摔机时，电池会因为扎带不紧而甩出，这样也很容易造成电池外皮破损。

(5) 不低温使用。在北方或高海拔地区常会有低温天气出现，此时电池如长时间在外放置导致温度过低，电池的放电性能会大大降低，工作时间会大大缩短。此时应将报警电压升高（如单片报警电压调至 3.8 V），因为在低温环境下压降会非常快，报警一响则应立即降落。同时，要给电池做保温处理，在起飞之前电池要保存在如房屋内、车内、保温箱内等温暖的环境中。要起飞时快速安装电池，并执行飞行任务。在低温飞行时尽量将时间缩短到常温状态的一半，以保证安全飞行。

7. 遥控装置

遥控装置包括遥控发射机和接收机，接收机安装在飞行器上。一般按照通道数将遥控器分成六通道、八通道、九通道、十四通道遥控器等，如图 8-68 所示。遥控器上的通道即表示信号模式，一个通道相对应一个信号，这个信号使得飞行器可以做出相应的动作，如前进后退、左转右转，这样都各算一个通道，就像我们家里的灯一样，不同的开关管理着不同的灯泡、灯管，一个开关控制一路，即一个通道。遥控器通道越多，则表示能控制的功能越多，可以做更多的动作。多旋翼无人机最基本的飞行动作有上升下降（油门）、左右移动（横滚）、前后运动（俯仰）和水平转弯（偏航）等，这些动作各需一个遥控通道，再加上起落装置收放、

图 8-68　FUTABA 14 SG 2.4 GHz 14 通道遥控器

飞控模式转换、云台控制（俯仰、水平转动、横滚等）、相机控制等，共需要大约 9 个通道。更多的通道可以执行更多的动作和实现更多的功能，当然也要更高的成本，要根据实际需要来选择。

（1）普通航模用遥控器。大部分的民用无人机都采用的是与普通航模遥控器近似的 2.4 G 或 5.8 G 遥控器控制，分为亚洲流派（日本手）和欧美流派（美国手）。两种操纵方式的区别在于控制油门的操纵杆是在右边（日本手）还是左边（美国手），如图 8-69 所示。固定翼的飞手用日本手较多，而直升机的飞手则习惯采用美国手，两种流派各有利弊。对于新手而言，主要还是取决于周围的群体多数采用哪种流派，这样方便老飞手进行指导和帮助调飞机。市场上主流的多旋翼无人机一般默认都是美国手。

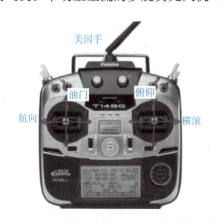 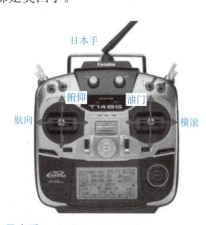

图 8-69　美国手和日本手

例如，FUTABA 14SG 2.4 GHz FASST 系列遥控器适用大部分的 DIY 机型和专业航拍机。DJI A2 飞控内置 16 通道 DR16 接收机，可以直接与 FUTABA FASS 系列遥控器搭配使用。要实现航拍功能需外接图传系统和显示器或使用手机、平板电脑作为显示器。

(2)专用遥控器。与普通航模用遥控器相比,专用遥控器通常集成了图传接收和显示器,如图 8-70 所示,一般无法通过更换接收机来使用其他品牌的遥控器,控制方式则与普通航模遥控器一致。专用遥控器一般集成度高,通常采用专用的数字图传技术,清晰度高于模拟图传,不易出现同频干扰导致视频信号丢失。无人机内置图传,可降低新手安装难度和减轻无人机质量,延长飞行时间。

图 8-70　DJI 专用遥控器

专业航拍无人机一般同时配备主从两个遥控器,主机由飞手(无人机驾驶员)进行操控,从机由云台手(航拍摄影师)进行操控,也称"双控"。飞手根据云台手对拍摄画面的要求操控无人机的飞行动作,云台手操控云台相机进行构图和拍摄。使用双控时,云台要调整为"自由模式"(非方向锁定模式),这时飞行器的横滚和转向动作不影响云台的姿态,从机的左摇杆控制云台的俯仰,右摇杆控制云台的方向。

8.2.2　机体材质及适用环境

1. 无人机的结构要求

无人机的结构一般要求大致可分为四类,即空气动力要求,质量、强度和刚度要求,使用维护要求,工艺和经济性要求。

(1)空气动力要求:满足无人机飞行性能的气动外形和表面质量。合适的气动布局可以满足飞行器的动力要求,从而达到飞行器飞行过程中飞行阻力控制在一定的范围之内,同等条件下产生更大的升力。

(2)质量、刚度和强度的要求:无人机的质量当然是越轻越好(不过是在保证刚度和强度的条件下)。足够的强度可以保证无人机在飞行的过程中结构不会受到破坏,刚度保证受力时无人机的形状不会发生变化,产生弯曲等变化。

(3)使用维护要求:对于无人机的结构而言,使用时要保证使用方便,这样驾驶人员在操作时就可以更好地驾驶,同时,还要保证便于检查维护和维修。

(4)工业和经济性要求:在一定的生产条件下,无人机结构要求工艺简单,制造方便,生产周期短,成本低。

2. 无人机的材料要求

无人机的材料要求要在满足刚度、强度大的同时,还要保证质量轻,在这些基本要求下还要保证材料具有一定的耐高温和耐低温性能、良好的抗老化和耐腐蚀能力、足够的断裂韧性和良好的抗疲劳性能。

目前,复合材料在无人机领域已成为主要结构材料,如使用碳纤维复合材料、玻璃纤维复合材料、蜂窝夹层复合材料等。通常,无人机除机身的龙骨、梁和隔框、起落装置等结构件采用铝合金外,机翼、尾翼及各种天线罩、护板、蒙皮等结构件均大量使用复合材料。另外,在中小型无人机上,木质材料、轻型塑料、塑料薄膜等非金属材料也得到大量使用。复合材料的应用对无人机结构轻质化、小型化和高性能化已经起到了至关重要的作用。很多材料商也在开发更适合无人机的材料,如聚赛龙已研发出无人机专用塑料。复合

材料具有以下优点:

(1)与传统金属材料相比,复合材料具有比强度和比刚度高、热膨胀系数小、抗疲劳能力和抗震能力强的特点,将它应用于无人机结构中可以减重25%~30%。树脂基复合材料具有结构质量轻、复杂或大型结构易于成型、设计空间大、比强度和比刚度高、热膨胀系数小等诸多优点。

(2)复合材料本身具有可设计性,在不改变结构质量的情况下,可根据飞机的强度刚度要求进行优化设计;在设计制造技术上满足了大多数无人机在高度翼身融合结构所需的大面积整体成形这一特点。

(3)在无人机复合材料结构设计中常使用到的是复合材料的轻质、高比强度、高比模量等特性,主要通过增强材料(碳纤维、玻璃纤维等)良好的力学性能和基本材料(树脂)的粘结作用两者有机的结合而成。

综上所述,既可以有强度支撑无人机机体架构,又能够最大程度上摆脱引力不受中立影响的复合材料,一般融合了下面3种材质:

(1)碳纤维:是一种含碳量在95%以上的高强度、高模量纤维的新型纤维材料。碳纤维"外柔内刚",质量比金属铝轻,但强度高于钢铁,并且具有耐腐蚀、高模量的特性。

(2)玻璃纤维:是一种性能优异的无机非金属材料,种类繁多,优点是绝缘性好、耐热性强、抗腐蚀性好、机械强度高,但缺点是性脆、耐磨性较差。

(3)树脂:是指受热后有软化或熔融范围,软化时在外力作用下有流动倾向,常温下是固态、半固态,有时也可以是液态的有机聚合物。广义地讲,可以作为塑料制品加工原料的任何高分子化合物都称为树脂。

8.3 F450 组装与调试

8.3.1 F450 飞机的组成部件

首先,准备F450设备的组成零部件,包括机体(上下两个机身碳板、顶板、底座板、12根细小碳杆);动力系统[四个无刷电机(根据飞机的型号)、电子调速器(电调)、螺旋桨(根据飞机的型号、材质)、动力电池(F450飞机基本上使用3S锂电池)]。其次,是飞控系统,包括无人机飞控(这个根据需求选择即可,如果是开源飞控要准备一个安全开关)、中心板(与飞控连接加控制电调)、GPS(定位系统)接收机(遥控器与设备连接器),根据遥控器的品牌选择、四根杜邦线(飞控与电调的连接使用)、一块3S锂电池。以上就是F450飞机所准备的硬件。

8.3.2 支撑系统的组装

F450支撑系统的组装包含上中心板、分电板(也称为下中心板)、四条机臂、脚架。
(1)上中心板和分电板,如图8-71、图8-72所示。

图 8-71　上中心板　　　　图 8-72　分电板(下中心板)

(2)四条机臂,如图 8-73 所示。

(3)脚架,如图 8-74 所示。

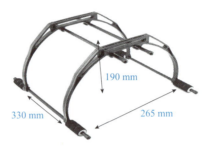

图 8-73　机臂　　　　　　图 8-74　脚架

(4)F450 支撑系统,如图 8-75 所示。

图 8-75　F450 支撑系统

8.3.3　动力系统的组装

F450 的动力系统组装包含动力电池、无刷电调、无刷电机、螺旋桨。

动力系统的组装

1. 动力电池

动力电池如图 8-76 所示。四旋翼电池有 2S、3S、4S;1 000 mAh;30C 三类参数。

S:代表锂电池的节数,锂电池 1 节标准电压为 3.7 V,那么 3S 电池,就是代表有 3 节 3.7 V 电池在里面,电压为 11.1 V。

mAh:表示电池容量,如 1 000 mAh 电池,如果以 1 000 mA 放电,可持续放电 1 小时。

图 8-76　动力电池

C：代表电池放电能力，如 1 000 mAh 电池标准为 5C，那么用 5×1 000，得出电池可以 5 000 mA 的电流强度放电。

2. 无刷电调

无刷电调如图 8-77 所示，一般都会标上多少 A，如 20 A、30 A 这个数字就是电调能够提供的电流。大电流的电调可以兼容用作小电流的电调，小电流电调不能超标使用（选择时要看无刷电机的堵转电流，且建议买大品牌的电调）。

图 8-77　无刷电调

3. 无刷电机

四旋翼使用无刷电机如图 8-78 所示。其主要参数有××××，×××kV，如 2213，920 kV。

图 8-78　无刷电机

2213 代表定子尺寸为 22×13（电机转子的直径×电机转子的高度，不是外壳尺寸）。简单来说，前面 2 位越大，电机越粗，后面 2 位越大，电机越高。又高又大的电机，功率就更大，适合做大四轴。通常 2213 电机是最常见的配置（适合 F350、F360 等机架）。

kV 是外加 1 V 电压对应的每分钟空转转速，例如，1 000 kV 电机，外加 1 V 电压，电机空转时每分钟转 1 000 转，外加 2 V 电压，电机空转就 2 000 转（正常大桨配低 kV，小桨配高 kV）。

4. 螺旋桨

螺旋桨（图 8-79）有正反桨和类似 1045 等数字的参数，因为四旋翼相邻的桨旋转反向要相反来抵消偏航动作。

前面2位是桨的直径(单位：英寸，1英寸＝25.4 mm)，后面2位是桨的角度。

5. 无人机动力系统

无人机动力系统如图8-80所示。

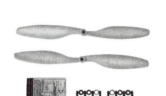

图 8-79　螺旋桨　　　　　　　　　图 8-80　无人机动力系统

8.3.4　控制系统的组装

F450 的控制系统包含遥控器、接收机、GPS、飞控、数传天线。

(1)遥控器如图 8-81 所示。

控制系统的组装

图 8-81　遥控器

(2)接收机如图 8-82 所示。
(3)GPS 如图 8-83 所示。

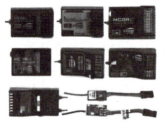

图 8-82　接收机　　　　　　　　　图 8-83　GPS

(4)飞控主要由 IMU、微控制器和无线传输模块组成，如图 8-84 所示。

①IMU：即姿态传感器，为加速度传感器、高度传感器，常用的有 MPU6050 陀螺仪

传感器和气压传感器,用来检测无人机的实时姿态传送给控制器。

②微控制器:常用有 stm32 系列的 MCU,通过写飞控算法来读取 IMU 姿态反馈进而控制电调来驱动电机。

③无线传输模块:业界正常用 PPM 传输格式,简单来说就是通过无线传输模块给 MCU 下指令,至于传输模块 WiFi、NRF 等都是可以的,主要看传输的距离。

(5)数传天线如图 8-85 所示。

图 8-84　飞控　　　　　　　　　　图 8-85　数传天线

(6)F450 的控制系统如图 8-86 所示。

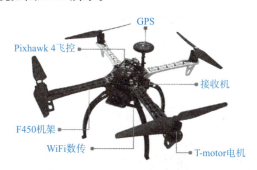

图 8-86　F450 的控制系统

8.3.5　软硬件的调试与确认

(1)打开"初始设置",选择"安装固件",如图 8-87 所示。

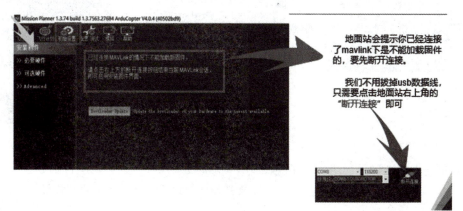

图 8-87　选择"安装固件"

(2)断开连接后,地面站读取官方固件,如图 8-88 所示。

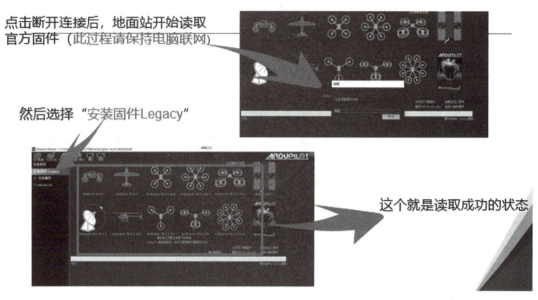

图 8-88　读取固件

(3)单击四轴图标,下载固件,如图 8-89 所示。

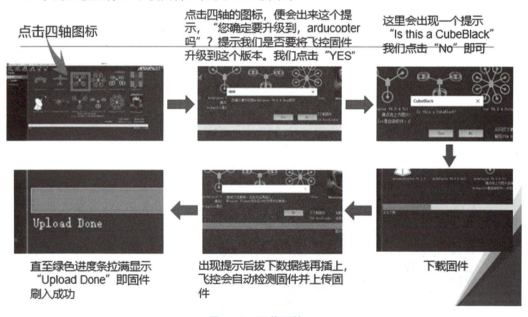

图 8-89　下载固件

(4)机架类型选择,如图 8-90 所示。

第8章 无人机组调实操训练

图 8-90 机架类型选择

(5)加速度计校准,如图 8-91 所示。

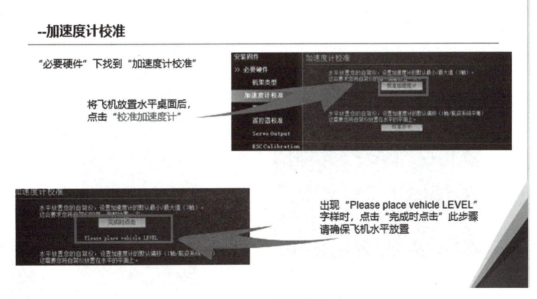

图 8-91 加速度计校准

(6)飞机左侧朝上,如图 8-92 所示。

图 8-92　飞机左侧朝上

（7）飞机右侧朝上，如图 8-93 所示。

图 8-93　飞机右侧朝上

（8）飞机机头朝下，如图 8-94 所示。

图 8-94　飞机机头朝下

(9)飞机机头朝上,如图 8-95 所示。

图 8-95　飞机机头朝上

(10)完成校准,如图 8-96 所示。

图 8-96　所成校准

(11)校准成功,如图 8-97 所示。

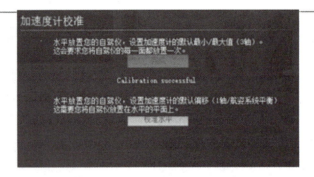

图 8-97　校准成功

(12)遥控器通道正反向设置,如图 8-98 所示。

--遥控器校准

点击左侧"遥控器校准",右侧会出现遥控器各通道杆量信息(注:升降通道为反向,即往前推升降,绿色杆量往下走)

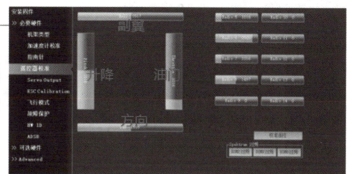

左图为遥控器通道正反设置

图 8-98 遥控器通道正反设置

(13)遥控器校准,如图 8-99 所示。

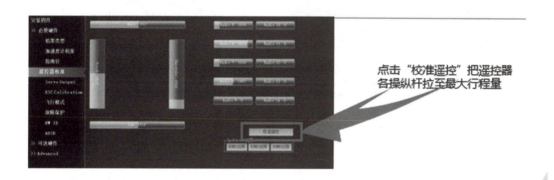

点击"校准遥控"把遥控器各操纵杆拉至最大行程量

随后会出现两个弹窗提示均点击"OK"即可

图 8-99 遥控器校准

(14)遥控器校准完成,如图 8-100 所示。
(15)飞行模式,如图 8-101 所示。
(16)起飞,如图 8-102 所示。

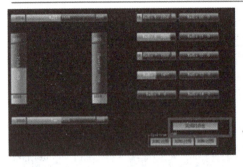

完成后点击"完成时点击"

随后会再出现两个弹窗提示均点击"OK"即可，至此遥控器校准就完成了

图 8-100　遥控器校准完成

--飞行模式

飞行模式开关

飞行模式开关共有三个档位，分别对应三种飞行模式

飞行模式1、4、6分别对应遥控器飞行模式开关下、中、上三个档位，三个模式都设置成Stabilize（自稳）模式，设置完成后点击保存即可

内八解锁，外八上锁，飞行模式必须在自稳模式方可解锁

图 8-101　飞行模式

到此，飞控以及遥控器的调参已全部完成，接下来就可以拿到空旷地区进行试飞。

注意安全！

图 8-102　起飞

8.3.6 组装过程中的常见问题及解决方法

为什么明明组装好了无人机，它就是飞不起来？
为什么无人机飞起来会失控呢？
为什么按照说明书来操作，还是不行？
那么就可能是以下情况。

1. 焊接电调与电源接口

注意事项如下：

(1)电调与底板之间的焊点不能虚焊。飞行器启动后电流比较大，虚焊会导致发热严重并脱落，造成飞行中的严重事故！

(2)前后4个焊点(图8-103)不能太大，否则会阻挡以后电池的安装。焊点要光滑饱满，焊锡覆盖整个焊点和接线。焊接好以后用手拖拽测试是否牢固。

2. 电机香蕉头焊接和套上热缩管

很多电机出厂都没有焊接香蕉头，需要自己焊接。香蕉头焊接也是组装过程中一个重要的地方。香蕉头焊接不好，通电后会导致电机缺相烧毁。

香蕉头用纸巾包裹好，夹在老虎钳上。用纸巾的目的是防止焊锡里面的松香融化后流到插头部分，会造成接触不好。焊接时先将焊锡融入香蕉头内并填满，然后插入电机线，如图8-104所示。

焊接好冷却后，用手拖拽测试是否牢固。确认没有问题，就可以将热缩管套上，用热风枪或电吹风高温挡或打火机吹烤包裹部分，使其紧贴，如图8-105所示。

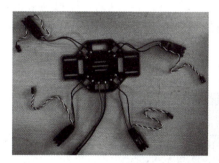
图8-103　4个焊点

图8-104　焊接香蕉头

图8-105　套上热缩管

3. 机架组装

(1)将电机固定在机臂上。注意：用机架里面配套的银色大螺栓安装电机，如图8-106所示。

(2)将机臂固定在底板上并安装机架上板。螺栓先不用拧得太紧，方便后面调节，如图8-107所示。上板安装好以后，再拧紧底板螺栓，紧固所有螺栓。

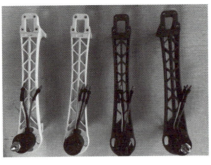
图 8-106　电机固定在机臂上

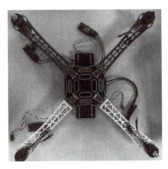
图 8-107　机臂固定在底板上

（3）连接电机与电调。将电机焊接好的香蕉头分别插到电调的 3 个香蕉头里面。

注意：先任意连接，如图 8-108 所示。要无人机正常飞行对电机的旋转方向是有要求的。但做到这步电机还无法启动，需待后面调试好飞控以后，再来调整电机的旋转方向。

4. 飞控及配件的安装和接线

（1）安装减震板。先把减震板和减震球组装好，将减震球安装于小板上，然后连接大板。注意：减震球不可用尖锐的工具安装，减震球破损后就没有减震的功能了。取一块 3M 胶，将减震板粘在机架上板中心。可在 4 个角用尼龙扎带绑扎一下，进一步加固减震板。最终效果如图 8-109 所示。

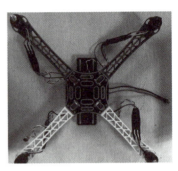
图 8-108　连接电机与电调

（2）安装飞控模块。用减震板里面的 3M 胶将飞控粘贴在减震板上。注意：飞控的箭头前向就是无人机的机头前向。明确机头前向很重要，涉及后面电机的旋转方向、GPS 安装方向和飞行时的前向的确定。

飞控要安装内存卡、蜂鸣器、安全开关。内存卡用于记录飞行时的数据。蜂鸣器会根据飞控输出不同提示音。安全开关是一个硬件保护措施，防止意外解锁电机转动造成伤害。

最终效果如图 8-110 所示。

图 8-109　安装减震板

图 8-110　安装飞控模块

(3)安装电流计、GPS、蜂鸣器、安全开关、电调、接收机、数传连线。电流计的作用是给飞控提供稳定的 5 V 电源,并且测量电池电压和电流。GPS 模块的安装要注意:GPS 的箭头前向一定要和机头前向保持一致,因为外置罗盘是集成在 GPS 模块里面的,如果安装方向不对,会出现罗盘不一致警报无法解锁。注意蜂鸣器和安全开关,在 Pixhawk 的插线板上都有对应的接口,仔细观察就可以找到并且正确连接,如图 8-111 所示。

(4)电池、起落装置的安装。电池从机身后端往前塞进即可。如果前面说的底板焊点过大,就有可能阻挡电池安装,需要调整。还有一个方法是将底板翻过来安装,将焊点一面朝下。具体根据自己的安装情况调整。最后将低电压报警器插到电池平衡头上,注意插线方向不要弄错,否则不会显示。低电压报警器的主要作用是提醒操作者电池电量较低,需要充电。在飞机飞行的时候需要一直插在电池上。低电压报警器连接后,会显示循环显示:ALL 表示电池总电压,NO1、NO2、NO3 分别表示 3 片电芯的分电压。如用的是 3S 电池,就是由 3 片电芯串联的,充满电的总电压是 12.6 V,也就是单片电芯满电压是 4.2 V;总电压放电到 10.8 V 左右,也就是单片电芯电压放电到 3.6 V 就需要充电。应注意锂电不能完全放完电才充电,这样会损坏锂电且无法修复。

安装起落装置,只需要使用 M2.5 的长螺栓拧紧即可。

最终安装的形态如图 8-112 所示。

无人机电机也可分为正反电机,电机有的线是分红、黄、黑三个颜色的,正确的安装方法应该是 1 号、3 号电机为正电机;2 号、4 号电机为反电机。

如果一个或多个电机发生反转,只需给反转的电机与电调连接线任意交换两根就可以解决这个问题,如图 8-113 所示。

图 8-111　安装电流计等　　图 8-112　安装电池、起落装置　　图 8-113　交换连接线

无人机螺旋桨桨叶可分为正桨叶、反桨叶。机头朝前,以右上角桨叶为 1 号桨,逆时针排序(图 8-114)。正确安装应是 1 号、3 号桨叶为正桨(逆时针旋转),2 号、4 号桨叶为反桨(顺时针旋转)。安装错误的话将导致无人机无法正常起飞甚至直接翻机。

那么要如何识别哪个是正桨,哪个是反桨呢?只要仔细观察桨叶,就会发现是有两个方向的桨叶的,而桨叶便是由较低处一端往较高处一端进行旋转,逆时针旋转为正桨,顺时针旋转则为反桨,如图 8-115 所示。

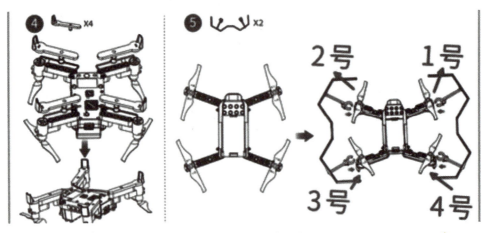

图 8-114 桨叶排序

图 8-115 反桨和正桨

安装电机错误比安装桨叶错误更容易出"飞祸"，如果将电机或螺旋桨安装错误并使无人机起飞，就有可能会发生"飞祸"。所以，一定要做好起飞前的检查。飞行千万条，起飞检查第一条！

8.4 无人机飞行测试

8.4.1 测试介绍

1. 遥控器测试

遥控器测试包含以下 3 个方面：
(1) 无线频率；
(2) 占用带宽；
(3) 发射功率。
遥控器信号质量的好坏直接决定着对四旋翼无人机的飞行操控性。

F450 无人机的调试_无人机实操与运用_刘梦祥

所以，在设计和问题排查阶段对遥控器发出的无线信号频率稳定度、频率偏差、占用带宽、通道功率等进行检测，可确保遥控信号的质量和问题的定位。

2. 飞控测试

飞控板的作用是从接收机接收控制信号，转换为 4 个螺旋桨的转速信息后，通过飞控板上的陀螺仪对四轴飞行状态进行快速调整，控制飞行器的平衡状态。其主要作用是给多旋翼飞机增稳。如做悬停动作时，四轴无人机需要飞控不断调整四轴电机转速，使其平衡稳定保持悬停状态。

飞控是四旋翼无人机的核心控制部分。因其较高的精度控制要求及多种总线通信信号的处理要求，使其无论在设计还是调试过程都占据了大量的时间。通常无人机组装过程中对飞控的调试占据了 90% 以上的时间。因而，对其使用测试仪器进行测试可以提高调试效率（图 8-116）。

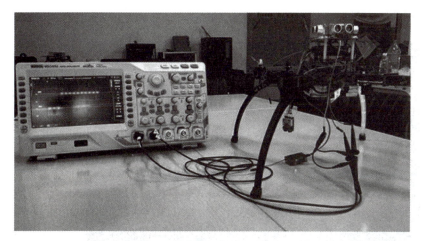

图 8-116　飞控测试

F450 无人机的飞行测试 1——环境选择

F450 无人机的飞行测试 2——区域选择

飞控测试包含以下测试内容：

（1）I2C 总线。飞控板与各控制部分间通信都是采用总线。如定高超声波模块会定时将高度信息反馈给飞控，光流模块也会定时将扫描到的地面位置信息反馈给飞控进而对比得到位置变化信息。这些通信采用的都是 I2C 总线，在调试过程可以通过示波器测试指令发送的正确性，返回数据的传输正确性及信号本身的传输质量，快速检查通信质量。

通过示波器可对 I2C 总线信号进行观测并解码查看返回高度信息（图 8-117、图 8-118）。

（2）RS232 总线。定高超声波控制板与超声波模块之间采用 RS232 总线进行通信。通过示波器可测试超声定高模块与控制电路之间的 RS232 总线通信质量。控制电路会定时给超声定高模块发送读数命令，之后各个超声定高模块会将各自当前高度值传回给控制电路分析。所以，可以从示波器解码出来的 RS232 TX 和 RX 信息看出之间的触发关系及对应的高度信息是否正确（图 8-119）。

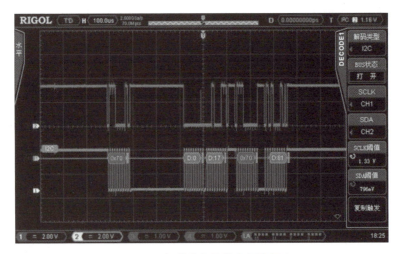

图 8-117　超声波定位信息通信解码

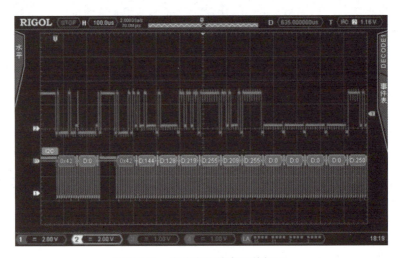

图 8-118　光流定位信息通信解码

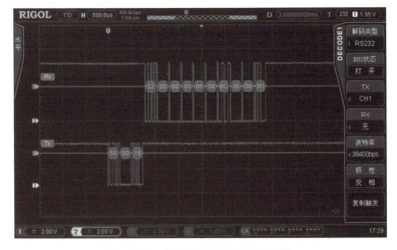

图 8-119　定高反馈信息 S-BUS 总线

S-BUS 总线为 Futaba 使用的串行通信协议（图 8-120），实际上为串口通信，主要用于接收机接收遥控器控制信号后与飞控间通信。

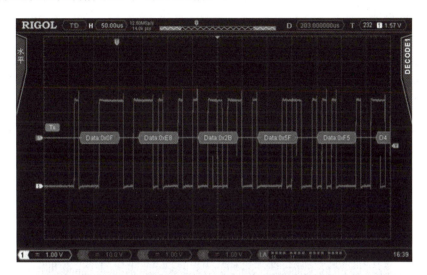

图 8-120 S-BUS 遥控器控制总线

（3）数传通信。四旋翼无人机会实时将无人机的飞行状态参数通过无线信号发送给 App 控制端。另外，一些携带摄像机或照相机的无人机也会通过无线信号进行图传。所以，可通过频谱分析仪测试无线传输信号的频率范围及功率大小。安泰测试公司通过在频谱分析仪接收端连接频率匹配的天线，在数传无线信号工作时进行监测，通过调节无人机的距离可测试接收功率与距离的关系（图 8-121）。

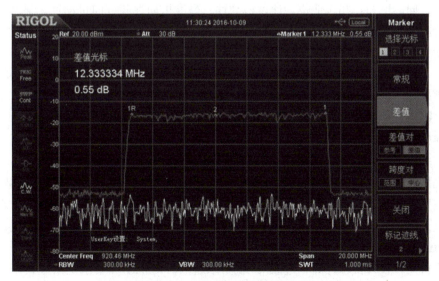

图 8-121 数传无线信号监测

3. 电机测试

电机测试(图 8-122)主要包含以下方面：

(1) PWM 调速；

(2) 稳定性。

多旋翼无人机多个电机的转速是否均匀、稳定决定着飞行状态的稳定性。无刷直流电机由于启动转矩大、调速范围广、体积小、噪声小等多种优点，使其成为多旋翼无人机的首选发动机。

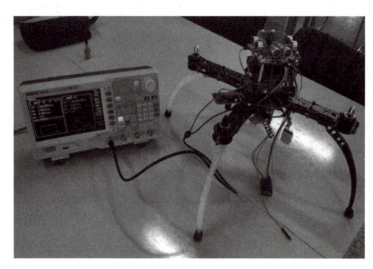

图 8-122　电机测试

8.4.2　机动能力调整

机动性是飞机的重要战术、技术指标，是指飞机在一定时间内改变飞行速度、飞行高度和飞行方向的能力，相应地称为速度机动性、高度机动性和方向机动性。显然，飞机改变一定速度、高度或方向所需的时间越短，飞机的机动性就越好。在空战中，优良的机动性有利于获得空战的优势。

影响飞机机动性的两大关键因素是翼载荷与推重比。一般来说，飞机的翼载荷越低、推重比越高，飞机的机动性就越强。另外，飞机在作机动飞行时所受的载荷要比水平直线稳定飞行时大好几倍。因此，在设计飞机时，必须考虑到飞机在各种飞行情况下，都要有足够的强度和刚度，以保证飞行安全。

1. 机动性评定

在飞机设计中，一般常用过载来评定飞机的机动性。飞机的过载(或过载系数)是指飞机所受除重力外的外力总和与飞机质量之比。除特殊情况外，一般只考虑垂直方向上的过载。垂直方向上的过载可以表示为飞机升力 Y 与飞机质量 G 的比值，即一架飞机的机动性与推重比有关。

飞机机动性设计要求越高，过载 n_Y 就要求越大。对机动性要求高的飞机，其过载可高达 9 左右，因此，要求飞机结构应能够承受相应的载荷。

为了提高飞机的机动性，就必须在最短的时间内改变飞机的运动状态，为此就要给飞机尽量大的气动力以造成尽量大的加速度。因此，飞机所能承受的过载越大，机动性就越好。

为了实现更大的机动性，人们经过不懈努力，通过使用推力矢量技术等途径已经能够克服失速迎角的限制，进行过失速机动。如眼镜蛇机动、钟摆机动、钩子机动、榔头机动、赫布斯特机动。

2. 机动性分类

(1)速度机动性。飞机在每次飞行时，都必须经历加速和减速的飞行过程。例如，飞机起飞阶段的加速滑跑和中断起飞时的加速停止过程；起飞爬升第三段平飞加速段；航路爬升结束后由爬升速度加速到巡航速度的过程，以及空中交通管制中常用的让飞机做加速、减速平飞来调整间隔等，都属于飞机速度机动性的研究范畴。通常情况下，飞机的加速、减速过程，需要经过一定的距离和时间，也需要消耗一定量的燃油。

平飞加速和减速性能反映飞机改变飞行速度的能力。平飞时增加或减小一定的速度所需的时间越短，则速度机动性能越好。对于亚音速飞机，一般采用从 $0.7V_{max}$ 加速到 $0.97V_{max}$ 的时间作为加速性能指标；把从减速到 $0.7V_{max}$ 的时间作为减速性能指标。

提高飞机的加速能力可通过减小飞机质量，增大发动机的推力，提高飞机的升阻比等途径来实现。另外，对于喷气式发动机而言，由于压气机及涡轮等部件的转动惯量较大，发动机由小转速加速到大转速大约需要 8 s，如果可以设法减小这一增加转速的所需时间，便可以改善飞机的加速性能。

在飞机需要快速降速时，为改善飞机的减速性能，应尽量收小油门，减小发动机推力，同时可打开减速板或扰流板。

(2)高度机动性。高度机动性反映的是飞机改变一定飞行高度的能力。通常把高度机动性与速度机动性结合在一起，统称为飞机在铅垂面内的机动飞行性能。

需要说明的是，飞机在正常的航路爬升和下降的飞行过程中，飞行高度虽然也随着飞行时间的变化而变化，但此时，飞行速度变化率和飞行航迹角变化率相对较小，因而被归入"准定常"飞行范畴。

(3)方向机动性。飞机的方向机动性实质上是研究这样一种运动，即飞机连续改变飞行方向而高度保持不变的一种曲线运动，通常称为盘旋。盘旋运动是发生在水平面内的一种运动，它是最常见的机动飞行动作之一。当航向改变较小于 360°时，常称其为"转弯"。

3. 机动动作

飞机为在短时间内尽快改变运动状态所实施的飞行动作称为飞机的机动动作。飞机的机动动作包括盘旋、筋斗、俯冲、跃升、战斗转弯等。为获得尽量大的升力，飞机在机动过程中应该尽量增加迎角。然而正常飞机的极限迎角是有限的，飞机不能超过极限迎角飞行，否则就会失速。

(1)盘旋。飞机在水平面内作等速圆周飞行，叫作盘旋飞行，如图 8-123 所示。通常坡度(坡度即指飞机倾斜的程度)小于 45°时，叫作小坡度盘旋；大于 45°时，叫作大坡度盘旋。盘旋和转弯的操纵动作完全相同，只是转弯的角度不到 360°而已。

盘旋一周所需的时间越短，盘旋半径越小，方向机动性就越好。在作战时，希望盘旋半径越小越好，这时就要尽量使飞机倾斜坡度加大，以增大使飞机做曲线运动的向心力。

在盘旋中，为了保持在垂直方向上升力与重力的平衡，维持高度不变，当改变坡度时，需要相应地改变升力的大小，坡度越大，则所需的升力也就越大，因此，飞机的过载也就越大。不同坡度盘旋时飞机对应了不同的过载系数。

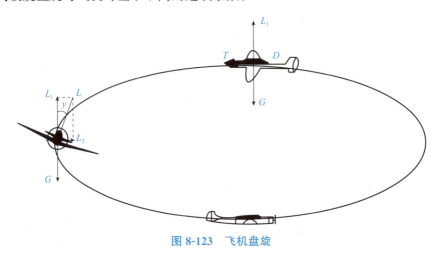

图 8-123　飞机盘旋

（2）筋斗。飞机在铅垂平面内做轨迹近似椭圆、航迹方向改变 360°的机动飞行为筋斗飞行，如图 8-124 所示。筋斗飞行由爬升、倒飞、俯冲、平飞等动作组成，它是衡量飞机机动性能的指标之一。完成一个筋斗所需的时间越短，机动性越好。要实现筋斗飞行，飞行员应先加油门，增加速度，然后拉杆使飞机曲线上升；飞过顶点后，减小油门，继续保持拉杆位置，飞机开始曲线下降，最后改为平飞。飞机翻筋斗时，过载系数可达到 6。

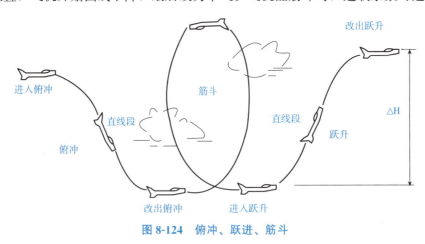

图 8-124　俯冲、跃进、筋斗

（3）俯冲。俯冲是飞机将位能转化为动能、迅速降低高度、增大速度的机动飞行，作战飞机常借此来提高轰炸和射击的准确度。俯冲过程分为进入、直线和改出俯冲 3 个阶段，如图 8-124 所示。在急剧俯冲时，为了防止速度增加过多和超过相应高度的最大允许速度，必须减小发动机推力，有时需放下减速板。改出俯冲后的高度不应低于规定的安全高度。从俯冲中改出时飞行员应柔和并有力地拉杆，增大迎角，使升力大于重力第一分力，构成向心力，迫使飞机向上做曲线运动。这时的过载系数 n_Y 甚至会达到 9～10，对飞机结构和飞行员造成严重的过载。所以，俯冲速度不应过大，改出不应过猛，以免造成飞机结构损坏或飞行员晕厥的事故。使用中的 n_Y 一般不允许大于 8。

(4)跃升。跃升是将飞机的动能转变成势能，迅速取得高度优势的一种机动飞行。跃升性能的好坏由跃升增加的高度 ΔH 及所需的时间来衡量，如图 8-124 所示。飞机在做跃升机动后的高度可大大超过飞机的静升限。例如，某歼击机的实用升限为 19 500 m，当在 13 500 m 高度上以 $Ma=2.05$ 的速度进行跃升后，飞机可达到 23 000 m 的高度。通过跃升可达到的最大高度为飞机的动升限。

(5)战斗转弯。同时改变飞行方向和增加飞行高度的机动飞行称为战斗转弯，如图 8-125 所示。空战中为了夺取高度优势和占据有利方位，常用这种机动飞行动作。除采用典型的操纵滚转角的方法外，为了缩短机动时间还可采用斜筋斗方法进行战斗转弯。战斗转弯时，过载系数可达 3~4。

图 8-125　战斗转弯

4. 机动性设计

衡量飞机机动性一般从两个方面去分析，即常规机动性和能量机动性。但随着航空武器的发展，空中格斗的多样性和复杂性，要求飞机具有高转弯率、高加减速能力，即强调飞机的瞬时机动能力。所以，飞机仅能做常规机动是远远不够的，必须具备非常规机动的能力。

为了提高战斗机的非常规过失速机动能力，在飞机设计时，应注意这样几个方面：第一，飞机应具有足够的俯仰、偏航和滚转的操纵能力，能在机动过程中保持很高的操纵效率。为达到此要求，必须采用先进的辅助控制系统，如推力矢量技术就是其中一种。第二，飞机应具有极好的大迎角稳定性。这就必须采用闭环控制和先进的气动布局来满足。第三，应选用高性能发动机，以保证在过失速机动中能正常工作。而且要求发动机的推重比高(至少大于 7)，耗油率低。第四，飞机应具有在很短时间内产生很大的瞬时角速度的能力，即应转弯快、加减速快。

8.4.3　定位定高能力调整

现有无人机的定高方式有 GPS 定高、气压计定高、超声波雷达定高 3 种。有个别机型是同时存在气压计定高和超声波雷达定高的。

1. GPS 定高

GPS 定高模式是根据 GPS 卫星的方位来测量无人机的高度。如手机没有气压计,却能测量我们所在位置的海拔,就是根据 GPS 卫星来测量的。这种测量方式多存在于早期的固定翼飞机,飞行高度比较高,带飞控,带 GPS 却不带气压计。

这种测量高度的误差较大,根据星数多少,误差最小也有 3 m,最大可达几十米。

2. 气压计定高

气压计定高是现在使用最多、最流行的定高模式。可以说我们现有的所有成品多旋翼无人机飞控都带有气压计定高。气压计定高成本低,定高效果较好,正常定高范围会有上下 0.5 m 的浮动。

3. 超声波雷达定高

超声波雷达定高的精度非常高,不同机型略有差别,定高后无人机的上下浮动为几厘米。大疆的御 air、pro、御 2、精灵 4 和 MG 植保系列均有超声波雷辅助定高。

超声波雷达定高的主要缺点就是必须在低空才能起作用,根据机型不同,一般为 10~20 m。而且所有的带有超声波雷达定高的机型都会有气压计定高,一般不存在单独依靠超声波雷达定高的机型。但是,有个别机型在连接超声波雷达时是强制性依靠雷达来进行定高的,那就是 DJI 的 MG 植保机系列。它会根据土地平整情况调整高度,如果在喷洒树林时有树苗缺失的地方,而又开启了雷达定高,则极容易出现飞行事故,因为飞机在高速行驶中会瞬间降低高度,撞到前面的树上。

目前无人机通用的定高技术,是采用气压计定高。

定高功能+GPS 定位功能,两者协作,保障无人机在室外飞行的稳定悬停,控制悬停误差,当高度和位置发生变化时就要对 GPS 进行调整,使其能定位定高平稳悬停。

8.4.4 航线能力调整

飞机飞行的路线称为空中交通线,简称航线。航线不仅确定了飞机飞行的具体方向、起讫点和经停点,还根据空中交通管制的需要,规定了航线的宽度和飞行高度,以维护空中交通秩序,保证飞行安全;改变原飞行计划,使航空器飞到非预定点或备降机场的航行措施。

安全飞行

思 考 题

1. 无人机组装需要注意哪些基本安全问题?
2. 平衡翼机型螺距的量测方法是什么?
3. 多旋翼无人机的组成部分包括哪些?
4. 当遇见如下问题应当如何解决:
(1)为什么明明组装好了无人机,它就是飞不起来呢?
(2)为什么无人机飞起来会失控呢?
(3)为什么按照说明书来操作,还是不行?

参 考 文 献

[1] 宋志强．多无人平台在突发事件应急管理中的应用[M]．苏州：苏州大学出版社，2017．

[2] 中华人民共和国国家市场监督管理总局，国家标准化管理委员会．GB/T 41300—2022 民用无人机唯一产品识别码[S]．北京：中国标准出版社，2022．

[3] 中华人民共和国国家市场监督管理总局，国家标准化管理委员会．GB/T 38905—2020 民用无人机系统型号命名[S]．北京：中国标准出版社，2020．

[4] 中华人民共和国国家市场监督管理总局，国家标准化管理委员会．GB/T 38954—2020 无人机用氢燃料电池发电系统[S]．北京：中国标准出版社，2020．

[5] 中华人民共和国国家市场监督管理总局，国家标准化管理委员会．GB/T 38931—2020 民用轻小型无人机系统安全性通用要求[S]．北京：中国标准出版社，2020．

[6] 中华人民共和国国家市场监督管理总局，国家标准化管理委员会．GB/T 38930—2020 民用轻小型无人机系统抗风性要求及试验方法[S]．北京：中国标准出版社，2020．

[7] 宇辰网．无人机：引领空中机器人新革命[M]．北京：机械工业出版社，2017．

[8] 吕红军，张慧娟，魏采用．宁夏无人机遥感监测理论与实践[M]．银川：宁夏人民教育出版社，2018．

[9] 周俊飞．一本书读懂无人机物流[M]．北京：机械工业出版社，2018．

[10] 赵薛强，凌峻．无人机自动巡检智慧监控系统研究与应用[J]．人民长江，2022，53(06)：235—241．

[11] 梅林，张杰．现阶段无人机监测、反制技术综述及系统通用要求[J]．中国无线电，2022(06)：76—78．

[12] 张全良，张婕，夏春玲．1+X无人机驾驶证书实施策略[J]．辽宁高职学报，2022，24(06)：10—12＋23．

[13] 王安成，李建胜，郭雨岩，等．无人机技术与应用课程实践教学模式探索与实践[J]．测绘通报，2022(S1)：119—122．

[14] 王翰钊，温欣玲．无人机技术在工程建设领域的应用研究重点探寻[J]．网络安全技术与应用，2022(06)：107—109．

[15] 王新宇，蒋三新．基于深度神经网络的无人机智能巡检系统——绝缘子检测应用研究[J]．信息技术与信息化，2022(05)：217—220．

[16] 梁婷，刘龙龙．虚拟仿真技术在无人机相关专业教学中的应用研究[J]．科技风，2022(14)：100—103．

[17] 徐晓东，李岩，叶威，等．通信感知一体化应用场景、关键技术和网络架构[J]．移动通信，2022，46(05)：2—8．

[18] 刘成涛，张鑫，赵俊旗，等．基于热成像技术的无人机测温与预警系统设计[J]．信息技术，2022(06)：17—21＋27．

[19] 张俊,廉勇,杨志刚,等.植保无人机发展历程、优缺点分析及应用前景[J].现代农业,2020(04):4—7.

[20] 龚琼,张常有.无人机遥感测绘技术在工程测绘中的应用[J].散装水泥,2019(04):34—35.

[21] 王涛.无人机航测技术分析与应用探讨[J].工程与建设,2019,33(03):335—336.

[22] 陈彦君.无人机遥感技术在测绘工程测量中的实践[J].电子测试,2019(09):78—79.